U0172515

现代食品深加工技术丛书
"十三五"国家重点出版物出版规划项目

茶叶深加工技术

林 智 主 编

尹军峰 吕海鹏 副主编

科学出版社

北 京

内 容 简 介

本书系统地介绍了茶叶深加工技术，内容包括茶叶中的化学成分及其功能、茶叶提取物（茶多酚/儿茶素、茶氨酸、茶黄素、茶多糖、茶叶香精油）的生产工艺，以及速溶茶与茶浓缩汁、液态茶饮料、茶食品、茶化妆品、茶染纺织品等茶叶深加工产品的加工技术，具有较高的专业技术和学术价值，可为我国茶叶深加工与综合利用提供理论基础与技术支持。

本书注重学术性与技术性相结合，既介绍了国内外茶叶深加工领域的最新科研进展，又全面系统地介绍了各种茶叶提取物的生产工艺以及不同类型茶叶深加工产品的加工技术，深入浅出、实用性强。本书可作为茶学、食品科学、天然产物化学及生命科学等学科从事科研、教学和技术开发人员的参考书。

图书在版编目（CIP）数据

茶叶深加工技术/林智主编. —北京：科学出版社，2020.3
（现代食品深加工技术丛书）
"十三五"国家重点出版物出版规划项目
ISBN 978-7-03-063686-7

Ⅰ. ①茶⋯ Ⅱ. ①林⋯ Ⅲ. ①茶叶-加工 Ⅳ. ①TS272.4

中国版本图书馆 CIP 数据核字(2019)第 280837 号

责任编辑：贾 超 高 微 / 责任校对：杜子昂
责任印制：赵 博 / 封面设计：东方人华

科学出版社 出版
北京东黄城根北街 16 号
邮政编码：100717
http://www.sciencep.com

三河市春园印刷有限公司印刷

科学出版社发行 各地新华书店经销
*
2020 年 3 月第 一 版 开本：720×1000 1/16
2025 年 2 月第五次印刷 印张：10
字数：200 000
定价：98.00 元
（如有印装质量问题，我社负责调换）

丛书编委会

本书编委会

主　　编：林　智

副 主 编：尹军峰　吕海鹏

参　　编：（按姓名笔画排序）

王伟伟　朱　荫　江和源　许勇泉

邹　纯　张建勇　施　江　郭　丽

戴伟东

丛 书 序

食品加工是指直接以农、林、牧、渔业产品为原料进行的谷物磨制、食用油提取、制糖、屠宰及肉类加工、水产品加工、蔬菜加工、水果加工、坚果加工等。食品深加工其实就是食品原料进一步加工，改变了食材的初始状态，例如，把肉做成罐头等。现在我国有机农业尚处于初级阶段，产品单调、初级产品多；而在发达国家，80%都是加工产品和精深加工产品。所以，这也是未来一个很好的发展方向。随着人民生活水平的提高、科学技术的不断进步，功能性的深加工食品将成为我国居民消费的热点，其需求量大、市场前景广阔。

改革开放 30 多年来，我国食品产业总产值以年均 10%以上的递增速度持续快速发展，已经成为国民经济中十分重要的独立产业体系，成为集农业、制造业、现代物流服务业于一体的增长最快、最具活力的国民经济支柱产业，成为我国国民经济发展极具潜力的、新的经济增长点。2012 年，我国规模以上食品工业企业 33 692 家，占同期全部工业企业的10.1%，食品工业总产值达到 8.96 万亿元，同比增长 21.7%，占工业总产值的 9.8%。预计 2020 年食品工业总产值将突破 15 万亿元。随着社会经济的发展，食品产业在保持持续上扬势头的同时，仍将有很大的发展潜力。

民以食为天。食品产业是关系到国民营养与健康的民生产业。随着国民经济的发展和人民生活水平的提高，人民对食品工业提出了更高的要求，食品加工的范围和深度不断扩展，所利用的科学技术也越来越先进。现代食品已朝着方便、营养、健康、美味、实惠的方向发展，传统食品现代化、普通食品功能化是食品工业发展的大趋势。新型食品产业又是高技术产业。近些年，具有高技术、高附加值特点的食品精深加工发展尤为迅猛。国内食品加工中小企业多、技术相对落后，导致产品在市场上的竞争力弱。有鉴于此，我们组织国内外食品加工领域的专家、教授，编著了"现代食品深加工技术丛书"。

　　本套丛书由多部专著组成。不仅包括传统的肉品深加工、稻谷深加工、水产品深加工、禽蛋深加工、乳品深加工、水果深加工、蔬菜深加工，还包含了新型食材及其副产品的深加工、功能性成分的分离提取，以及现代食品综合加工利用新技术等。

　　各部专著的作者由工作在食品加工、研究开发第一线的专家担任。所有作者都根据市场的需求，详细论述食品工程中最前沿的相关技术与理念。不求面面俱到，但求精深、透彻，将国际上前沿、先进的理论与技术实践呈现给读者，同时还附有便于读者进一步查阅信息的参考文献。每一部对于大学、科研机构的学生或研究者来说，都是重要的参考。希望能拓宽食品加工领域科研人员和企业技术人员的思路，推进食品技术创新和产品质量提升，提高我国食品的市场竞争力。

中国工程院院士

2014 年 3 月

序　言

我国茶叶资源十分丰富。在传统茶叶出现产大于销的背景下，中低档茶和夏秋茶资源的利用率偏低，影响茶叶行业效益水平。我国茶叶产业的经济效益还有较大的提升空间，深加工是实现茶叶资源可持续利用、提高茶制品科技水平和附加值的有效途径。随着人们消费能力和消费观念的改变，具有天然、保健、方便、安全等特性的茶叶深加工产品深受广大消费者的青睐，以增进人类健康和提高人们生活质量为目标的茶叶深加工产业已成为世界范围内的朝阳产业。

茶叶深加工主要是指以茶叶生产过程中的茶鲜叶、茶叶、茶籽、修剪叶以及由其加工而来的半成品、成品或副产品为原料，通过集成应用生物化学工程、分离纯化工程、食品工程、制剂工程等领域的先进技术及加工工艺，实现茶叶有效成分或功能组分的分离制备，并将其应用到人类健康、动物保健、植物保护、日用化工等领域的过程。

20 世纪 60 年代我国茶叶深加工研发开始起步，通过 90 年代的快速发展期和 2000 年之后的跨越期，逆流提取技术、超临界萃取技术、机械式蒸汽再压缩（MVR）蒸发浓缩技术、膜分离技术、大孔吸附树脂分离技术、逆流色谱分离技术、冷冻干燥技术、喷雾干燥技术等一大批现代新技术开始产业化应用到茶叶深加工产业中。产品从最初的低档速溶茶、调味茶饮料等发展到高香冷溶型速溶茶、纯味功能茶饮料等高品质产品，功能成分从普通纯度茶多酚发展到高纯脱咖啡因儿茶素、特殊比例儿茶素、无酯儿茶素、儿茶素单体、茶氨酸、茶黄素等高附加值产品，并开始大量应用于食品、日化、纺织、畜牧等跨界产业。

21 世纪以来，我国茶叶深加工产业获得了长足的发展，在规模、层次、效益上都得到明显提升。目前，在我国的茶叶深加工领域，采用不到茶叶总产量 6%～7% 的中低档茶原料，创造了中国茶业 1/3 强的产业规模与效益（1200 多亿元），有效地促进了夏秋茶和中低档茶资源的高值化利用。

随着科技水平的提高以及全球对食品安全与质量问题的高度关注，目前我国茶叶深加工技术正在由传统工艺向绿色、节能、安全、高效的技术方向发展，产品从茶叶提取物向高附加值的功能性终端产品迈进，围绕茶叶深加工终端产品开发的配方与制剂技术也正在快速发展。

发展茶叶深加工，将传统茶叶向健康、方便、快捷的多元化高附加值产品发展，已成为世界茶叶加工的大趋势。随着经济社会的快速发展和人们生活水平的提高，我国进入了新时代，人们的生活理念正从吃饱穿暖的基本需要向健康、便利的多样化、个性化的更高层次生活方式转变，产品需求开始向"健康、天然、方便、时尚"发展，多元化、个性化的茶叶深加工产品发展潜力巨大。

该书全面系统地总结了茶叶深加工领域的最新科学研究成果与文献资料，具有重要的学术价值。

为此，我欣然作序。

中国工程院院士　陈宗懋

2020 年 3 月于杭州

前　言

茶叶深加工是指以茶鲜叶、半成品茶、成品茶、再加工茶以及茶叶生产过程产生的副产物等为原料，通过集成应用生物、物理和化学工程的原理和技术，实现茶叶有效成分或功能组分的提取制备，并将其应用于医药业、食品业、轻工业、服装业、畜牧业等方面，由此获得深度加工终端产品的过程。我国茶叶深加工技术的发展基本可分为以下三个阶段。

起步期：我国最初的茶叶深加工技术研究起步于速溶茶的提制工艺。20世纪60年代初期，最先由福州商品检验局（现为福州出入境检测检疫局）采用真空冷冻干燥技术试制速溶茶获得成功。70年代，上海市工业微生物研究所、湖南省农业科学院、湖南省长沙茶厂、中国农业科学院茶叶研究所先后开始了速溶茶的研制工作。在国家对外贸易部的领导和支持下，湖南长沙和上海率先实现了速溶茶批量生产，并出口到美国和欧洲。70年代中期，中国农业科学院茶叶研究所首次从茶叶中提取出"7369"防辐射物质，其效果达90%以上。1985年成功地从茶叶中提取分离出天然抗氧化剂，主要成分是茶多酚，抗氧化活性高于丁基羟基茴香醚、二丁基羟基甲苯、维生素E等。1988年开始商品化，商品名"维多酚"。1989年被国家计划委员会列为1989年国家级重大新产品。

发展期：90年代后，由于国际上茶与健康研究成果的驱动，茶多酚成为国内外健康产品和食品添加剂关注的焦点，加之当时我国红茶出口市场疲软，红茶改制绿茶以后，国内绿茶消费市场还没有快速培育起来，中低档茶滞销严重，茶叶深加工成为我国中低档茶综合利用的重要突破口。为此，我国茶叶深加工开始从速溶茶向茶叶功能成分提制领域拓展，并从茶多酚、咖啡因、茶皂苷的提制，逐步扩展到儿茶素单体、茶氨酸、茶黄素、茶多糖，由此茶叶功能成分的提制技术体系逐步形成，并取得了较好的经济效益和社会效益。90 年代的茶多酚提取分离纯化技术主要采用水和乙醇作为溶剂提取，三氯甲烷或二氯甲烷萃取脱除咖啡因，乙酸乙酯萃取分离纯化茶多酚。此外，还有采用金属 Ca^{2+} 离子沉淀分离茶多酚和咖啡因的技术，在茶多酚萃取分离中采用水洗法脱除咖啡因的技术等。但是，溶剂萃取法、金属离子沉淀法分离纯化茶多酚或脱除咖啡因的这些技术，在不同程度上存在产品收率不高、纯度不高的问题，或存在溶剂残留、金属离子残留等安全性问题。在 90 年代，尽管我国茶叶深加工产业有了较快的发展，但在茶叶功能成分和速溶茶的提制技术水平上一直落后于日本、德国、意大利和美国等发达国家。

跨越期：2000 年以后，随着我国加大国外先进技术与装备引进的力度，通过引进、消化、吸收、再创新，国内高新技术与装备得到飞速发展。逆流提取技术、超临界萃取技术、MVR 蒸发浓缩技术、膜分离技术、大孔吸附树脂分离技术、逆流色谱分离技术、冷冻干燥技术、喷雾干燥技术等提取制备新技术日趋成熟，并被集成创新融入到茶叶深加工产业中，极大降低了功能成分分离纯化的工业化生产成本，大幅度提高了茶叶深加工的整体技术水平和产品品质，有力推进了茶叶深加工产业化发展进程。茶叶深加工产品出现了系列化和多元化，高香冷溶型速溶茶、脱苦味速溶绿茶、高香茉莉花茶等新产品不断涌现；茶饮料、茶浓缩汁的生产量直线上升；茶叶功能成分从普通纯度的茶多酚发展到高纯度脱咖啡因儿茶素、特殊比例儿茶素、儿茶素单体（EGCG、ECG、EGC、EC）、茶氨酸、茶黄素，提制技术不断完善并逐步走向产业化。我国茶叶提取物的生产技术水平与产业规模实现了质的飞跃，国际竞争力与日俱增，并成为技术引领者，在国际市场上占据绝对主导地位。

经过近 60 年的发展，我国茶叶深加工技术体系基本成熟，茶叶深加工产业的规模、层次、效益都得到明显提升。茶叶深加工已成为当今实现茶叶资源高效利用、提高茶叶附加值、促进茶产业转型升级、拓展茶叶消费领域的重要途径。

为了满足广大从事茶叶深加工人员的技术需求，本书编写人员系统总结了茶叶中的化学成分及其功能、茶叶提取物（茶多酚/儿茶素、茶氨酸、茶黄素、茶多糖、茶叶香精油等）的生产工艺、速溶茶与茶浓缩汁加工技术、液态茶饮料加工技术、茶食品加工技术、茶化妆品的生产工艺、茶染纺织品的生产工艺等茶叶深加工领域的科学研究成果与文献资料。本书第 1 章由吕海鹏、朱荫、林智共同编写，第 2 章由江和源、张建勇、王伟伟、施江、林智共同编写，第 3 章、第 4 章、第 5 章由尹军峰、许勇泉、邹纯共同编写，第 6 章由戴伟东编写，第 7 章由郭丽编写。

　　本书编写过程中参考和借鉴了国内外大量的相关图书、期刊、专利和互联网共享资料等，并引用了部分内容，在此对原作者表示衷心感谢！

　　本书的出版得到了中国农业科学院科技创新工程、国家茶叶产业技术体系项目的大力支持。在本书编写过程中，有幸得到了中国工程院院士陈宗懋研究员的悉心指导和热情帮助，在此一并致谢！

　　限于编者的学识水平，加之时间仓促，书中难免有疏漏和不足之处，恳请专家、学者和读者们批评指正，以便修订时进一步完善。

林　智

2020 年 3 月于杭州

目　　录

第1章　茶叶中的化学成分及其功能

　　我国是世界上最早发现和利用茶的国家。茶是山茶科山茶属多年生常绿植物，原产于我国的西南边陲。在茶的鲜叶中，水分占 75%～78%，干物质为 22%～25%。茶叶的化学成分由 3.5%～7.0% 的无机化合物和 93.0%～96.5% 的有机化合物组成。有机化合物中的主要成分为蛋白质（20%～30%）、氨基酸（1%～4%）、生物碱（3%～5%）、茶多酚（18%～36%）、糖类（20%～25%）、有机酸（3% 左右）、类脂（8% 左右）、色素（1% 左右）、芳香物质（0.005%～0.03%）、维生素（0.6%～1%）等；无机化合物可分为水溶性部分（2%～4%）和水不溶性部分（1.5%～3%）。按照加工工艺的差异，茶叶主要分为绿茶、红茶、乌龙茶、黑茶、白茶和黄茶六大类。目前，茶叶中经分离、鉴定的已知化合物超过 700 多种，其中包括初级代谢产物如蛋白质、糖类、脂肪等，以及次级代谢产物如多酚类、色素、茶氨酸、生物碱、芳香物质、皂苷等。

1.1　茶叶中的多酚类物质

　　茶叶中的多酚类物质也称"茶多酚"、"茶鞣质"、"茶单宁"，是一类存在于茶叶中的多元酚混合物，具有抗氧化、抗癌、抗辐射、降血脂等多种生理活性。茶叶中的多酚类物质主要由儿茶素类（黄烷醇类）、黄酮醇及其苷类、花色素及异黄酮类、酚酸类等成分组成。茶鲜叶中的多酚类物质的含量一般在 18%～36%（干重）之间。

1.1.1　儿茶素类

　　儿茶素在茶叶中的含量为 12%～24%（干重），占多酚类物质总量的 70%～80%，属于黄烷醇类化合物，对茶叶风味品质和保健功能具有重要作用。儿茶素为白色固体，易溶于热水及乙酸乙酯、含水丙酮等溶剂。儿茶素在可见光下不显颜色，在短波紫外光下呈黑色，在 225nm、280nm 处有最大吸收峰。儿茶素具有苦涩味和很强的收敛性，是茶汤重要的呈味物质。儿茶素分子中的间位羟基可与香荚兰素在强酸条件下生成红色物质，许多与酚类络合的金属离子也与儿茶素发生沉淀反应。此外，儿茶素在热的作用下能发生异构化，即一种儿茶素可以转变为它对应的旋光异构体或顺反异构体。目前在茶鲜叶和绿茶中发现的单体儿茶素有 20 多种，其中大量存在的主要有四种（图 1-1）：（−）-表没食子儿茶素没食子酸酯（EGCG）、（−）-表没食子儿茶素（EGC）、（−）-表儿茶素没食子酸酯（ECG）、（−）-表儿茶素（EC）。EGCG 是绿茶中最主要的儿茶素成分，占绿茶中儿茶素总量的 50%以上，其他儿茶素的含量依次为 EGC＞EC＞ECG。

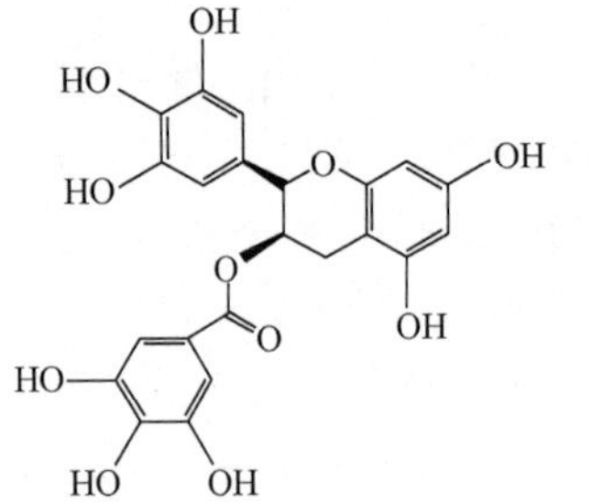

(−)-表没食子儿茶素没食子酸酯 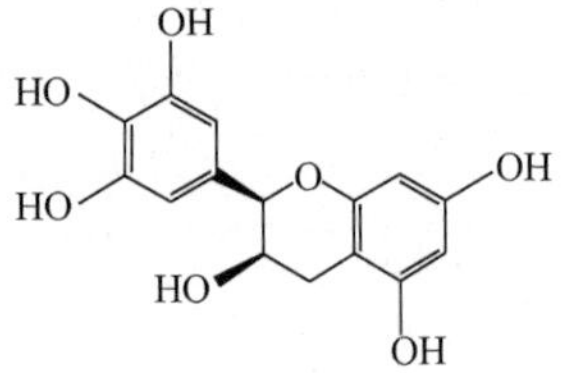　　　　　　(−)-表没食子儿茶素

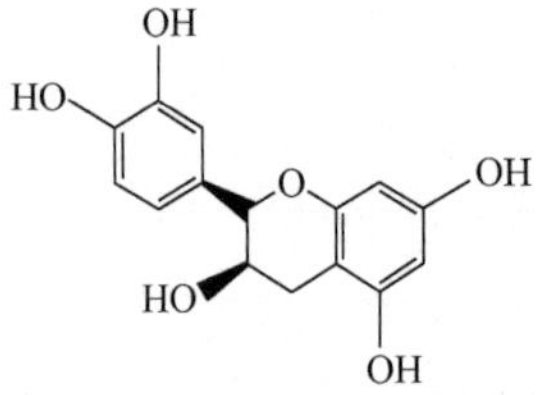

(−)-表儿茶素 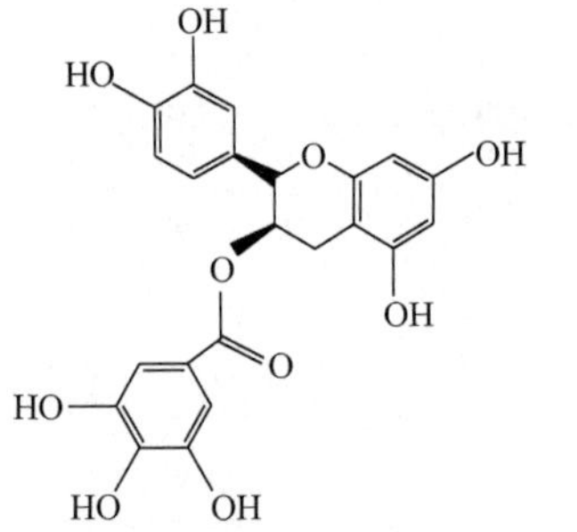　　　　　　　　　　(−)-表儿茶素没食子酸酯

图 1-1　茶叶中主要儿茶素的化学结构式

不同茶树品种、不同产地绿茶中的儿茶素含量和组成一般存在差异。例如，大叶种茶树新梢的儿茶素总量要高于小叶种茶树，而印度绿茶中的儿茶素含量一般高于中国绿茶和日本绿茶。近年来，茶叶中甲基化儿茶素成分（主要是 EGCG3″Me、EGCG4″Me）引人注目，它们具有较强的抗过敏作用和降血压作用。目前，日本发现 3 个甲基化儿茶素总量超过 1%的茶树品种；中国发现 6 个 EGCG3″Me 含量超过 1%的茶树品种，并发现随着新梢成熟度的提高，EGCG3″Me 含量逐渐增加，新梢达到一芽五叶成熟度时，EGCG3″Me 含量最高。此外，在微生物的作用下，黑茶中也形成了一些黄烷醇的衍生物成分，如普洱茶中发现的 2 种新的 8-C 取代的黄烷-3-醇成分（puerins A 和 puerins B）和茯砖茶中发现的黄烷醇的 8-环裂变内酯化合物（茯茶素 A 和茯茶素 B）。

儿茶素类化合物具有多种生物活性。大量的研究表明，儿茶素类化合物具有抗氧化、抗癌、抗炎、抗突变、抗衰老、抗过敏、抗动脉粥样硬化、抗溃疡、防蛀护齿、防辐射、抑菌、抗病毒、改善肝功能等多种生物学功能。

1.1.2　黄酮醇及黄酮糖苷类

黄酮类的基本结构是 2-苯基色原酮。黄酮结构的 C$_3$ 位易羟基化形成黄酮醇，茶叶中的黄酮醇多与糖结合成黄酮苷类物质，多为亮黄色结晶，其水溶液为绿黄色，被认为是绿茶汤色的重要组分。茶叶中黄酮醇及黄酮糖苷类的含量占干物质的 3%～4%。从茶鲜叶和绿茶中已分离鉴定出 20 多种黄酮醇及黄酮糖苷（图 1-2），其中含量较多的有槲皮素、山柰酚、杨梅素、槲皮苷、山柰苷和芸香苷等。

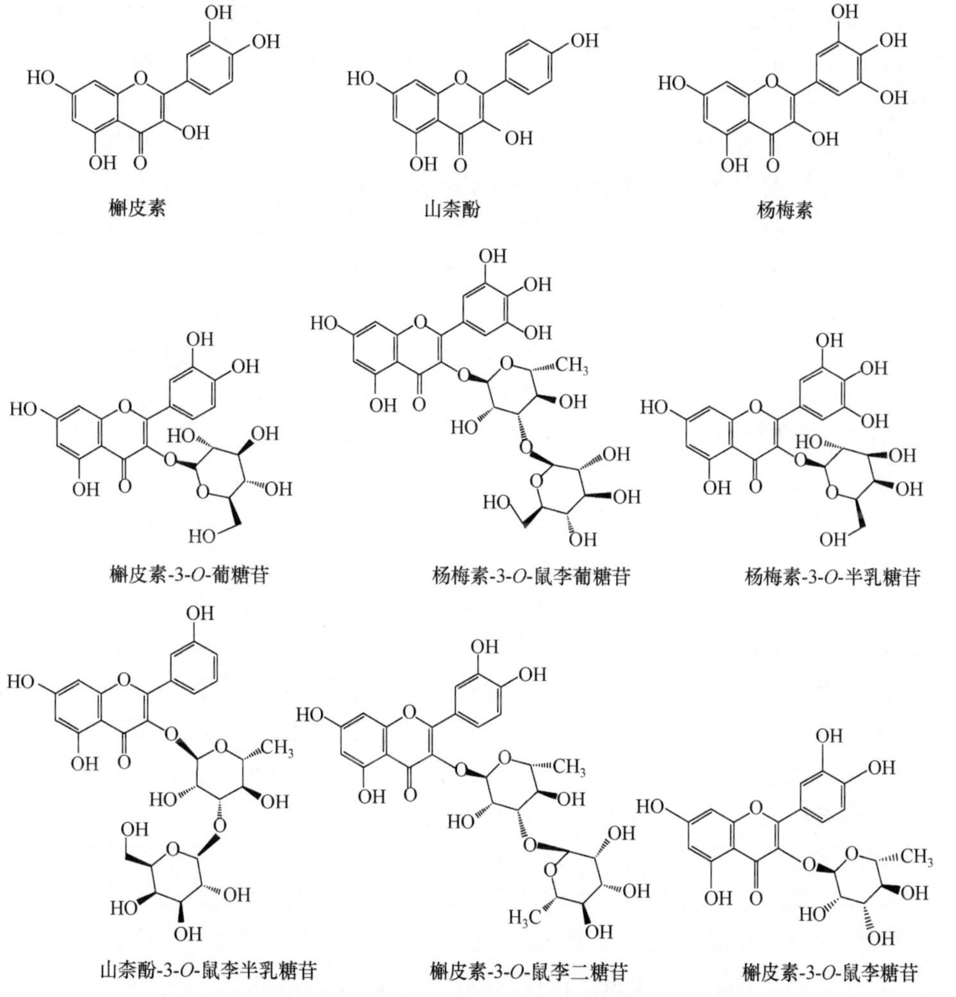

槲皮素　　　　　　　　山柰酚　　　　　　　　杨梅素

槲皮素-3-O-葡糖苷　　　　杨梅素-3-O-鼠李葡糖苷　　　杨梅素-3-O-半乳糖苷

山柰酚-3-O-鼠李半乳糖苷　　槲皮素-3-O-鼠李二糖苷　　槲皮素-3-O-鼠李糖苷

图 1-2　茶叶中主要黄酮醇及黄酮糖苷类化合物的化学结构式

茶树品种和采摘标准不同，以及加工工艺的差异都会对茶叶中的黄酮醇及黄酮糖苷的含量产生重要影响。制茶过程中，黄酮糖苷在热和酶的作用下发生水解，脱去苷类配基变成黄酮或者黄酮醇，在一定程度上降低了苷类物质的苦味。研究发现，红茶由于经过发酵，黄酮醇类含量相对较低，而绿茶中黄酮醇类含量则相对较高。黄酮醇及黄酮糖苷类化合物具有多种生物活性，如抗菌、抗病毒、抗肿瘤、抗氧化、抗炎、镇痛、保肝、保护心血管系统等。

1.1.3　原花色素、聚酯型儿茶素、花青素和花白素类

原花色素一般是由不同数量的儿茶素或表儿茶素结合而成，最简单的原花色素是儿茶素或表儿茶素形成的二聚体，此外还有三聚体、四聚体等直至十聚体。目前，在茶鲜叶和绿茶中已发现 20 多种原花色素，其在绿茶中的含量可达到干物重的 2%～3%。

聚酯型儿茶素是酯型儿茶素的二聚物，它存在于茶鲜叶、绿茶和其他不同茶类产品中，主要存在于发酵程度较高的茶类中，是在茶叶加工过程中由于揉捻等工序使茶叶细胞破碎导致儿茶素与酶接触，进而氧化形成的。研究发现，聚酯型儿茶素在绿茶中含量也比较高，例如，在浙江绿茶中，其含量可达 1.57%。

花青素是一类性质较稳定的色原烯衍生物（图 1-3）。一般来说茶树正常茶叶芽梢中花青素含量很少，仅占干物重的 0.01%左右，但在紫芽茶中则可高达 1.0%以上。不同品种、不同产地的紫芽茶中花青素含量及其组成也有所差异。例如，有研究报道，我国的"紫娟"品种是花青素含量较高的紫芽种，一芽二叶新梢中花青素含量可高达 2.0%以上，组分主要是天竺葵色素-3, 5-二葡萄糖苷、矢车菊素-3-O-半乳糖苷、锦葵色素以及天竺葵色素

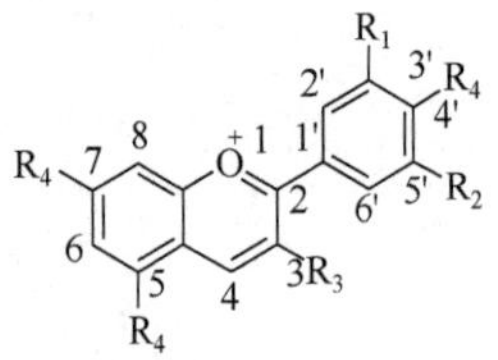

图 1-3　花青素的化学结构式

等；此外，肯尼亚 10 个紫芽品种的花青素浓度为 2.25～108.26mg/L，其花青素组分主要是锦葵色素、天竺葵色素、矢车菊素、芍药素、矢车菊素-3-O-半乳糖苷和矢车菊素-3-O-葡萄糖苷。花青素有多种互变异构体，能在不同酸碱度的溶液中表现出不同的颜色：在酸性条件下呈红色，中性条件下呈紫色，在碱性条件下呈蓝色。花青素的吸收光谱在 475～560nm 区间有强大吸收峰。

花白素又称"隐色花青素"或"4-羟基黄烷醇"，是一类还原型的黄酮类化合物，易发生氧化聚合作用。茶树新梢中花白素的含量为干重的 2%～3%。花白素是无色的，但经盐酸处理后能形成红色的芙蓉花色素苷元或飞燕草花色苷元。

原花色素、聚酯型儿茶素、花青素等具有多种生物活性。在各类原花色素中，低聚体分布最广，更具抗氧化和自由基清除能力的生理活性。聚酯型儿茶素具有抗氧化、抗肿瘤、消炎、杀菌、抗病毒、降血糖、降胆固醇、减肥等作用，可诱导 HL-60 细胞凋亡、抑制人肝癌细胞的生长、对正常及免疫功能低下小鼠的细胞免疫和体液免疫均具有增强作用等。花青素具有抗肿瘤、抗动脉硬化、抗病毒、

抗炎、抑制血小板聚合和免疫刺激等功能。

1.1.4　酚酸和缩酚酸类

　　酚酸是一类分子中具有羧基和羟基的芳香族化合物，酚酸上的羧基与另一分子酚酸上羟基相互作用缩合形成缩酚酸。茶叶中的酚酸类物质多为白色结晶，易溶于水和含水乙醇。没食子酸、咖啡酸、鸡纳酸的缩合衍生物等是茶叶中含有的主要酚酸和缩酚酸类化合物，总量约占茶鲜叶干重的 5%，其中，茶没食子素含量为 1%~2%，没食子酸为 0.5%~1.4%，绿原酸为 0.3%（图 1-4），其他种类酚酸如异绿原酸、对香豆酸、对香豆鸡纳酸、咖啡酸等含量均较低。

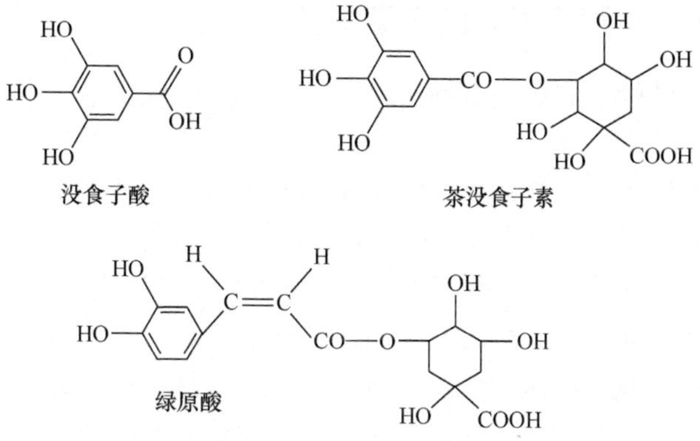

图 1-4　酚酸和缩酚酸类化合物的化学结构式

　　酚酸和缩酚酸类化合物也具有较强的生物活性。例如，没食子酸是化学结构最简单的天然多酚类化合物，具有抗炎、抗氧化、抗菌、抗病毒等多种生物活性，对心血管系统疾病、神经系统疾病、糖尿病、肝纤维化和肿瘤等具有防治作用；绿原酸具有抗氧化、抗炎、抗菌和降糖降脂等多种生物学功能，在动物生产和人体健康领域具有广阔的应用前景。

1.2　茶叶中的色素类物质

　　茶叶中的色素类物质可以分为茶叶中的天然色素和茶叶加工过程中形成的色素两类。

1.2.1　茶叶中的天然色素

　　茶叶中的天然色素可进一步分为脂溶性色素和水溶性色素。脂溶性色素是茶叶中可溶于脂肪性溶剂的色素物质的总称，主要包括叶绿素和类胡萝卜素。茶鲜叶中叶绿素的含量占茶叶干重的 0.3%～0.8%，叶绿素 a 含量为叶绿素 b 的 2～3 倍。随叶片逐渐成熟，叶绿素含量也逐渐增加，在制茶过程中叶绿素的变化主要是脱镁和脱植基，还有氧化降解。类胡萝卜素是一类具有黄色到橙红色的多种颜色的有色化合物，具有较强的亲脂性，可分为胡萝卜素和叶黄素两大类。茶叶中胡萝卜素类的含量约为 0.06%，叶黄素类在茶叶中的含量一般为 0.01%～0.07%，主要有叶黄素、玉米黄素、隐黄素、新叶黄素、5,6-双环氧隐黄素、堇菜黄素等。水溶性色素是能够溶解于水的呈色物质的总称。茶鲜叶中存在的天然水溶性色素主要有花黄素、花色素等。目前，茶叶中已经发现几十种花黄素、花色素，它们是茶叶中水溶性色素的主体成分。

1.2.2　茶叶加工过程中形成的色素

在茶叶加工过程中能形成多种色素类物质，主要包括茶黄素、茶红素和茶褐素等。

茶黄素是多酚类（儿茶素类）物质在酶原和湿热作用下氧化缩合形成的一类溶于乙酸乙酯的、具有苯并䓬酚酮结构的化合物。因其具有苯并䓬酚酮结构和含有多个酚羟基、性质活泼、易被氧化、热稳定性较差，随着水温、pH 的升高，茶黄素的稳定性均会降低。茶黄素是红茶的主要成分，一般占红茶干物质的 1%～5%，色泽橙黄，是具有收敛性的一类水溶性色素。从红茶中分离纯化或利用体外模拟氧化体系制备的茶黄素至少有 28 种，红茶中最主要的四种茶黄素成分为茶黄素、茶黄素-3-没食子酸酯、茶黄素-3′-没食子酸酯以及茶黄素双没食子酸酯。茶黄素对红茶品质起着决定性作用，是红茶汤色“亮”的主要成分，也是形成红茶茶汤“金圈”的主要物质。茶黄素具有诸多药理作用，在医药保健领域具有广阔的应用前景。研究表明，茶黄素具有抗氧化，抗癌，预防心血管、慢性炎症、肥胖及代谢综合征、神经性紊乱等疾病的功效。

茶红素是红茶中含量最多的一类复杂的红褐色酚性化合物，分子质量主要在 700～40000Da 范围内，占红茶干物质重的 6%～15%。茶红素与红茶的色泽、汤色、浓度和强度等品质密切相关，是构成红茶“红汤红叶”的重要物质基础，并对茶汤滋味以及人体健康都起着极重要的作用。茶红素主要前体物为儿茶素和茶黄素，它既包括儿茶素酶促氧化聚合（缩合）反应产物，也有儿茶素氧化产物与多糖、蛋白质、核酸和原花色素等产生的非酶促反应产物，因此，在化学组成上极为复杂。研究发现，茶红素中至少包括 29 种羟基化茶黄素、12 种茶黄素单没食子酸酯、9 种茶黄素双没食子酸酯和 10 种苦茶碱单没食子酸酯，并且在上述每个同源系列中，至少还存在 10 种单醌或双醌形式的母体化合物和羟基化衍生物。茶红素同样对人体多种生理功能产生影响，具有抗癌、抗氧化、消炎和抑菌等作用，是一种非常具有潜在开发价值的功能性成分。

茶褐素为一类水溶性非透析性高聚合的褐色物质，具有酚类物质特性，溶于水、不溶于乙酸乙酯和正丁醇，主要组分是多糖、蛋白质、核酸和多酚类物质，由茶黄素和茶红素进一步氧化聚合而成。茶褐素主要组成基团有酚羟基、羧基、烷基和苯环类似物等，主要存在于红茶、乌龙茶和黑茶中。茶褐素一般为红茶中干物质的 4%～9%，是造成红茶茶汤发暗、无收敛性的重要因素。茶褐素也是普洱茶中重要的品质化学成分，不仅是决定普洱茶独特汤色和滋味的关键要素，也是衡量普洱茶品质的关键因子。普洱茶中茶褐素的含量范围为 10%～14%，其中大部分茶褐素的分子质量大于 25000Da。研究表明，茶褐素在降脂减肥、降血糖、抗氧化、抗炎、抗肿瘤等方面具有较强的生理活性。

1.3 茶叶中的氨基酸类物质

氨基酸是茶叶中主要的化学成分之一，在茶叶加工过程中对茶叶风味品质的形成具有重要贡献。氨基酸能直接影响茶叶品质，是茶叶鲜爽味的主体物质。茶叶中氨基酸含量比较丰富，已经鉴定的氨基酸有 26 种，除 20 种蛋白质氨基酸外，还检出茶氨酸、豆叶氨酸、谷氨酰甲胺、γ-氨基丁酸、天冬酰胺、β-丙氨酸等 6 种非蛋白质氨基酸。不同的茶树种质中氨基酸的种类及含量存在较大差异，一些黄化和白化变异品种具有高氨基酸特性，根据其受环境影响的不同又可分为光照敏感突变型茶树（如黄金芽）和温度敏感突变型茶树（如安吉白茶）。

茶氨酸（N-乙基-γ-L-谷氨酰胺）是茶叶中特有的游离氨基酸，占游离氨基酸总量的 50%以上，含量占干茶重量的 0.5%～3%，有的甚至可高达 7%左右，如浙江的安吉白茶和湖南的黄金茶等。茶氨酸分子量为 174.2，在自然界中主要以 L型存在，纯品为白色针状结晶体，极易溶于水，分子结构式如图 1-5 所示。茶氨酸具有焦糖的香味和类似味精的鲜爽味，味觉阈值为 0.06%，在茶汤中茶氨酸的浸出率可达 80%，对绿茶滋味具有重要作用，能缓解茶的苦涩味，增强甜味。

茶氨酸含量因茶树品种、施肥、遮荫、采摘时期、新梢部位等而变化。一般而言，春茶＞秋茶＞夏茶；一芽一叶＞第二叶＞第三叶＞第四、五叶；高级茶＞中级茶＞低级茶；覆盖茶＞露天茶。茶氨酸在化学构造上与脑内活性物质谷酰胺、谷氨酸相似。研究证明，L-茶氨酸可以很容易地穿过血脑屏障在大脑中产生作用，对缺血性脑损伤和谷氨酸诱导的神经元细胞死亡具有保护作用。此外，L-茶氨酸具有明显的保护神经作用，避免腹膜透析引起的相关神经中毒，可在临床上用于预防帕金森病；L-茶氨酸还对增强记忆力具有积极作用。此外，大量研究表明，茶氨酸还具有降血压、增强免疫等功能。

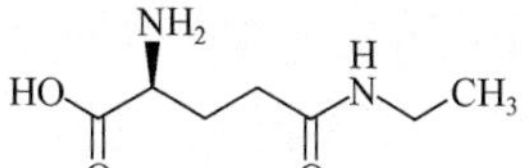

图 1-5 L-茶氨酸分子结构式

1.4 茶叶中的生物碱

生物碱是指一类来源于生物界的含氮有机化合物。在茶树体中，主要是嘌呤类生物碱，也有少量的嘧啶类生物碱。茶叶中嘌呤碱类衍生物的结构特点是都有共同的嘌呤环结构，主要含有咖啡因、可可碱和茶碱三种嘌呤碱（图1-6）。

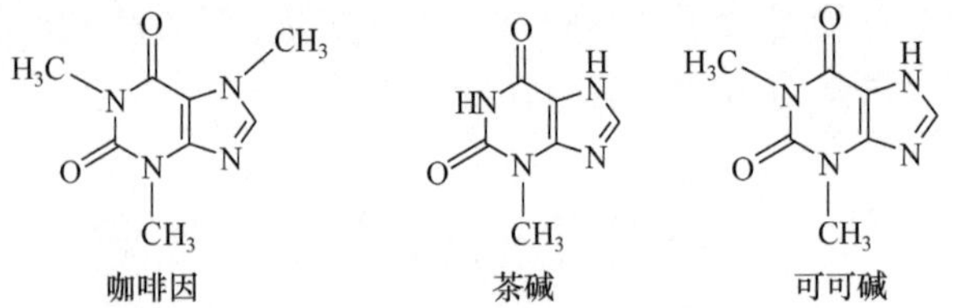

图1-6 咖啡因、茶碱和可可碱的分子结构式

咖啡因又称三甲基黄嘌呤，白色针状或粉状固体，易溶于80℃以上的热水，呈苦味，苦味阈值为0.7mmol/L，是形成茶叶滋味的重要理化成分之一。咖啡因在茶叶中的含量一般为2%~4%，高于咖啡豆（1%~2%）、可可豆（0.3%~2%）、可乐果（1%~2%）等。咖啡因主要集中分布在茶树新梢部位，以叶部最多，茎梗中较少，花果中更少。茶叶中咖啡因含量因茶树品种和生长条件的不同会有所不同。对于遮光条件下栽培的茶树，咖啡因的含量较高；夏茶比春茶含量高。有研究曾对国家种质杭州茶树圃选取的403份有代表性的茶树资源中的嘌呤生物碱进行了2年、春秋两季的重复鉴定，发现年度和季节间咖啡因含量总体稳定，但可可碱含量在春季变化显著；93%以上茶树资源的咖啡因含量为25.0~45.0mg/g。此外，有研究表明，在黑茶的后发酵过程中，形成了一些特异的生物碱衍生物成分，例如，普洱茶中8-氧化咖啡因可能是咖啡因生物转化的产物。

可可碱是由7-甲基黄嘌呤甲基化形成的，是咖啡因重要的合成前体，难溶于冷水、乙醇，能溶于沸水，茶叶中含量一般为0.05%。可可茶嘌呤生物碱的主要成分是可可碱，而咖啡因则处于次要地位。茶碱是可可碱的同分异构体，在茶叶中含量很低，只有0.002%左右，易溶于热水，微溶于冷水。

茶叶中咖啡因的生物活性主要包括对中枢神经系统的兴奋作用、助消化、利尿作用、强心解痉、松弛平滑肌、影响呼吸率以及对心血管和对代谢的影响等。茶碱和可可碱的药理功能与咖啡因相似。茶碱具有极强的舒张支气管平滑肌的作用，有很好的平喘作用，可用于支气管喘息的治疗。

1.5 茶叶中的碳水化合物

碳水化合物又称糖类，是植物光合作用的初级产物，是生命体所需能量的主要来源。单糖和多糖是构成茶叶可溶性糖的主要成分。茶叶中的多糖类物质主要包括纤维素、半纤维素、淀粉和果胶等。茶叶中的游离态单糖主要为己糖，以葡萄糖、半乳糖、甘露糖和果糖为最常见；茶叶中的双糖主要是蔗糖，加工过程中还形成了少量麦芽糖；此外，茶叶中还存在少量三糖的棉子糖和四糖的水苏糖等。

茶叶多糖是一种酸性蛋白杂多糖，并结合有大量的矿物质元素的一种茶叶多糖复合物，简称茶多糖。茶多糖分子量较大，是水溶性复合杂多糖，由糖类、蛋白质、果胶和灰分等物质组成；其蛋白部分主要由 20 种常见的氨基酸组成；多糖部分主要由阿拉伯糖、木糖、岩藻糖、葡萄糖、半乳糖等组成；矿物质元素主要由铁、钙、镁、锰等以及微量元素组成。

茶多糖易溶于热水，在 100℃沸水中溶解性更好，不溶于高浓度的有机溶剂。高温下易失去活性，过酸或偏碱性均会使多糖部分降解。茶叶中茶多糖含量一般在 1%左右，尤其在粗老茶中含量较高。据报道，一般随茶叶原料的老化，茶多糖含量增加，乌龙茶中茶多糖含量为 2.63%，约是红茶的 31 倍和绿茶的 17 倍。红茶一级的茶多糖含量为 0.04%，六级可达 0.85%。绿茶一级的茶多糖含量为 0.81%，六级达到 1.41%。由于茶树品种、加工工艺等的不同，不同茶类中茶多糖的组成和分子量一般有明显的差异。

茶多糖能降血糖、防治糖尿病，在中国和日本民间常饮用粗老茶治疗糖尿病。绿茶、乌龙茶、红茶的茶多糖均具有降血糖活性，且在低剂量下半发酵乌龙茶和发酵红茶的降血糖活性优于非发酵绿茶。茶多糖还具有降血脂、抗动脉粥样硬化、降血压、抗凝血、抗血栓、防治心血管疾病等作用，它还能使血清凝集素抗体增加，从而增强机体免疫功能等。

1.6 茶叶中的皂苷

皂苷，又称皂素，是一类结构比较复杂的糖苷类化合物，由糖链与三萜类、甾体或甾体生物碱通过碳氧键相连而构成，味苦而辛辣，能起泡。茶皂苷以其优越的表面活性以及生物活性得到了广泛的应用。纯净的茶皂苷是一种无色柱状晶体，易溶于水、甲醇、含水乙醇和正丁醇。茶皂苷是一类齐墩果烷型五环三萜类皂苷的混合物，基本结构由皂苷元、糖体、有机酸三部分组成，基本碳架为齐墩果烷；糖部分主要有阿拉伯糖、木糖、半乳糖以及葡萄糖醛酸等；有机酸包括当归酸、乙酸和肉桂酸等。

皂苷的种类与茶树的品种及其生长环境有较大关系,并且茶树不同部位茶皂苷的种类和茶皂苷含量有很大的区别。由于皂苷结构的相似性、多样性以及复杂性等,单体皂苷的分离鉴定工作长期以来是茶皂苷研究中最主要的难点之一。随着分离分析技术的进步,目前从茶树中鉴定出来的茶皂苷的单体越来越多。表 1-1 为 2008 年刘红等总结的分别从茶树的根、叶、花和种子中分离鉴定出的 56 种茶皂苷的单体成分,包括其化学式、含量及分离部位等信息。

表 1-1　已分离出的 56 种茶皂苷单体的化学式、含量及分离部位

序号	中文名称	化学式	含量/%	分离部位	序号	中文名称	化学式	含量/%	分离部位
1	山茶皂苷 A_1	$C_{58}H_{92}O_{25}$	0.01	茶籽	24	茶花皂苷 C	$C_{62}H_{98}O_{27}$	0.24	茶花
2	山茶皂苷 A_2	$C_{58}H_{92}O_{25}$	0.02	茶籽	25	茶皂苷 E_3	$C_{57}H_{88}O_{26}$	0.036	茶籽
3	山茶皂苷 B_1	$C_{58}H_{90}O_{26}$	0.15	茶籽	26	茶皂苷 E_4	$C_{59}H_{90}O_{27}$	0.008	茶籽
4	山茶皂苷 B_2	$C_{58}H_{90}O_{26}$	0.91	茶籽	27	茶皂苷 E_5	$C_{61}H_{92}O_{28}$	0.050	茶籽
5	山茶皂苷 C_1	$C_{58}H_{92}O_{26}$	0.10	茶籽	28	茶皂苷 E_6	$C_{57}H_{88}O_{26}$	0.013	茶籽
6	山茶皂苷 C_2	$C_{58}H_{92}O_{26}$	0.09	茶籽	29	茶皂苷 E_7	$C_{59}H_{90}O_{27}$	0.037	茶籽
7	茶皂苷 E_1	$C_{59}H_{90}O_{27}$	1.02	茶籽	30	茶皂苷 A_1	$C_{57}H_{90}O_{26}$	0.021	茶籽
8	茶皂苷 E_2	$C_{59}H_{90}O_{27}$	1.24	茶籽	31	茶皂苷 A_2	$C_{59}H_{92}O_{27}$	0.13	茶籽
9	阿萨姆皂苷 A	$C_{57}H_{88}O_{25}$	0.086	茶籽	32	茶皂苷 A_3	$C_{61}H_{94}O_{28}$	0.059	茶籽
10	阿萨姆皂苷 B	$C_{61}H_{92}O_{28}$	0.056	茶籽	33	茶皂苷 F_1	$C_{58}H_{90}O_{27}$	0.009	茶籽
11	阿萨姆皂苷 C	$C_{61}H_{92}O_{28}$	0.13	茶籽	34	茶皂苷 F_2	$C_{60}H_{92}O_{28}$	0.021	茶籽
12	阿萨姆皂苷 D	$C_{59}H_{92}O_{27}$	0.039	茶籽	35	茶皂苷 F_3	$C_{60}H_{92}O_{28}$	0.054	茶籽
13	阿萨姆皂苷 E	$C_{57}H_{88}O_{25}$	0.015	茶籽	36	异茶皂苷 B_1	$C_{63}H_{92}O_{26}$	未报道	茶叶
14	阿萨姆皂苷 F	$C_{62}H_{94}O_{29}$	0.014	茶籽	37	异茶皂苷 B_2	$C_{63}H_{92}O_{26}$	未报道	茶叶
15	阿萨姆皂苷 G	$C_{60}H_{92}O_{28}$	未报道	茶籽	38	异茶皂苷 B_3	$C_{63}H_{96}O_{26}$	未报道	茶叶
16	阿萨姆皂苷 H	$C_{60}H_{92}O_{28}$	未报道	茶籽	39	茶皂苷 A_4	$C_{58}H_{92}O_{27}$	0.005	茶籽
17	阿萨姆皂苷 I	$C_{60}H_{92}O_{28}$	0.022	茶籽	40	茶皂苷 A_5	$C_{60}H_{94}O_{28}$	0.010	茶籽
18	阿萨姆皂苷 J	$C_{53}H_{86}O_{24}$	0.0012	茶叶	41	茶皂苷 C_1	$C_{57}H_{90}O_{25}$	0.031	茶籽
19	茶根皂苷 A	$C_{53}H_{80}O_{20}$	0.0022	茶根	42	茶皂苷 E_8	$C_{59}H_{90}O_{27}$	0.007	茶籽
20	茶根皂苷 B	$C_{53}H_{82}O_{20}$	0.0059	茶根	43	茶皂苷 E_9	$C_{61}H_{92}O_{27}$	0.013	茶籽
21	茶根皂苷 C	$C_{55}H_{84}O_{21}$	0.0028	茶根	44	茶皂苷 G_1	$C_{57}H_{88}O_{25}$	0.005	茶籽
22	茶花皂苷 A	$C_{59}H_{92}O_{26}$	0.34	茶花	45	茶皂苷 H_1	$C_{58}H_{90}O_{26}$	0.010	茶籽
23	茶花皂苷 B	$C_{62}H_{96}O_{27}$	0.42	茶花	46	茶花皂苷 D	$C_{60}H_{94}O_{26}$	0.12	茶花

序号	中文名称	化学式	含量/%	分离部位	序号	中文名称	化学式	含量/%	分离部位
47	茶花皂苷 E	$C_{63}H_{98}O_{27}$	0.25	茶花	52	茶叶皂苷 I	$C_{61}H_{94}O_{27}$	0.0019	茶叶
48	茶花皂苷 F	$C_{63}H_{100}O_{27}$	0.13	茶花	53	茶叶皂苷 II	$C_{63}H_{92}O_{26}$	0.0067	茶叶
49	茶花皂苷 G	$C_{60}H_{94}O_{26}$	0.053	茶花	54	茶叶皂苷 III	$C_{61}H_{94}O_{27}$	0.0015	茶叶
50	茶花皂苷 H	$C_{62}H_{96}O_{27}$	0.065	茶花	55	茶叶皂苷 IV	$C_{65}H_{94}O_{27}$	0.0036	茶叶
51	茶花皂苷 I	$C_{60}H_{94}O_{26}$	0.0018	茶花	56	茶叶皂苷 V	$C_{63}H_{92}O_{26}$	0.0018	茶叶

茶皂苷具有溶血作用和鱼毒活性，还具有抗虫杀菌、抗炎、化痰止咳、抑制酒精吸收和保护肠胃功能、镇痛、降血脂、抗癌等诸多生物活性。

1.7　茶叶中的维生素

维生素是人和动物为维持正常的生理功能而必须从食物中获得的一类微量有机物质，在人体生长、代谢、发育过程中发挥着重要的作用。茶叶中含有丰富的维生素成分，其含量占茶叶干物质总量的 0.6%～1.0%，根据溶解性的差异，可以分为水溶性维生素和脂溶性维生素两类。

茶叶中水溶性维生素含量丰富，含量最高的是顶芽，其次是一叶，然后随叶片成熟度增加而逐渐降低。水溶性维生素分为维生素 C 和 B 族维生素（维生素 B_1、维生素 B_2、维生素 B_6、维生素 B_{12}、烟酸、泛酸、叶酸等）。维生素 C 是能直接进入茶汤的营养成分之一，它是维持人体生理机能所需要的重要营养素，具有抗氧化、促进铁吸收、提高机体免疫、防治血管硬化等多种作用。维生素 B_2 在茶叶中的含量比一般粮食、蔬菜中的含量高 10～20 倍。维生素 B_2 缺乏症表现为口角炎、舌炎、角膜与结膜炎、白内障等的较普遍。由于这种维生素在饮食中比较缺乏，而茶叶中富含，经常饮茶是补充这类维生素的有效办法。

脂溶性维生素包括维生素 A、维生素 D、维生素 E、维生素 K 等。维生素 E 包括生育酚和三烯生育酚两类共 8 种化合物，其中 α-生育酚是自然界中分布最广泛、含量最丰富、活性最高的维生素 E。茶叶中含有较多的维生素 E，其中 α-生育酚的含量显著高于其他蔬菜、水果，抹茶中的 α-生育酚的含量为 24.1～35.9mg/100g。

由于不同茶类加工工艺不同，维生素含量差异明显。绿茶是所有茶类中维生素种类最多、含量最为丰富的茶类。与其他食品相比，绿茶中维生素 C 含量较高，可达到 100～500mg/100g。此外，维生素 E（含量 20～80mg/100g）、维生素 A（含量 10～30mg/100g）、维生素 K（含量 1～4mg/100g）、维生素 B_2（含量 1～

1.5mg/100g）、维生素 B_6（含量 0.4～1mg/100g）、叶酸（含量 1～1.5mg/100g）等的含量也相对较丰富。研究表明，乌龙茶中维生素 C 含量约为 100mg/100g，而红茶因发酵过程中损失较大，维生素 C 含量一般低于 50mg/100g。黑茶初制过程中维生素 E 含量的变化趋势是下降的，由鲜叶 298.6mg/100g 降至成茶的 22.5～34.7mg/100g，其中以杀青工序损失最多，损失量占总量的 53%，其次为揉捻、干燥工序。在渥堆过程中，传统渥堆茶样维生素 E 含量比无菌渥堆茶样的平均水平低，但未达到显著性差异（$P>0.05$）。

1.8　茶叶中的矿物质元素

茶树对矿物质元素有着很强的富集能力。茶叶中矿物质元素含量极为丰富，一般占干物质的 4.2%～6.2%，其中钾（K）是茶叶中含量最高的元素，占茶叶灰分总量的 50% 左右。与其他植物相比，茶叶中铝（Al）（13～11981mg/kg）、锰（Mn）（微量～2300mg/kg）、铁（Fe）（3～360mg/kg）等元素含量相对较高，钙（Ca）（1430～10000mg/kg）相对较少。此外，在一些富硒（Se）、富锌（Zn）地区，绿茶中硒含量可达到 0.25～5.00mg/kg，比普通茶叶含硒量（0.15mg/kg）高 0.67～32 倍；锌含量可达到 70.85mg/kg，比普通绿茶含锌量（35.7mg/kg）高约 1 倍。茶树是富硒能力较强的植物，茶叶中的 80% 硒为有机硒，因此茶叶是较理想的天然硒源。茶叶中的硒元素具有抗癌、抗衰老和保护人体免疫功能的作用。茶叶中的锌元素，属于许多酶类必需的微量元素。锌在茶汤中的浸出率较高，易被人体吸收，饮茶是人体补充锌的重要途径。茶叶中分离鉴定的已知化合物已经超过 500 多种，构成这些化合物或以无机盐形式存在的基本元素主要有 30 多种，既包含钾、钙、镁等常量元素，也包含锌、锶、铁、铜等微量元素。

茶叶中富含多种矿物质元素，这是茶叶营养价值的重要表现，已引起科学工作者和饮茶爱好者的广泛重视。茶叶不仅含有人体所需的全部矿物质元素，而且有的元素含量较多，并且 50%～60% 可溶于热水，人们通过饮茶就能直接从茶汤中获得。如果每日饮茶三杯（按平均 10g 计算），可从茶中获取相当于日需量 5%～20% 的矿物质元素，个别茶叶所含的矿物质元素甚至可以满足日需量，从而对人体有较好的保健作用。可见，饮茶是人体摄取矿物质元素的一条重要且可行的渠道。

1.9　茶叶中的芳香物质

茶叶中含有成百上千种挥发性化合物，它们以不同浓度、不同气味阈值及不同香气特征的形式组合在一起形成了茶叶香气。茶叶香气能促进人体高级神经系氢结合而成的化合物，化学通式为 C_nH_{2n+2}，是最简单的一类有机化合物。茶叶香气中广泛存在烷烃类化合物，碳原子个数往往为 6～20 个（如己烷、庚烷、壬烷等）。直链型烷烃类化合物在气相色谱上的保留时间往往与其碳原子个数呈现线性关系，在二维气相谱图上有着十分鲜明的分布特色。然而，由于烷烃类化合物分子内不存在发香基团，并无明显的香气特征，因此虽然它们在茶叶香气成分中所占的比例较高，却似乎对茶叶香气品质的形成未起到直接的作用。

1.9.2　烯烃类化合物

茶叶中的烯烃类化合物多数为萜烯，这类化合物往往具有较低的香气阈值和宜人的香气特征，沸点普遍较高，是茶叶香气的重要组成部分。萜烯类化合物是化学式为异戊二烯的整数倍的烯烃类化合物，化学通式为（C_5H_8）$_n$，按碳链结构可分为环状及链状两种，根据聚合程度不同分为单萜（$n=2$）、倍半萜（$n=3$）、二萜（$n=4$）、二倍半萜（$n=5$）及多萜（$n\geq6$）等。它们具有一定的生理活性，如祛痰、止咳、祛风、发汗、驱虫、镇痛作用等。茶叶中常见的萜烯类化合物主要是单萜及倍半萜类，呈链状、单环或双环结构。表 1-3 为茶叶中常见的萜烯类化合物，其中单萜类的萜烯虽然种类较少，但含量相对较高。

表 1-3　茶叶中常见的萜烯类化合物

类别		萜烯类化合物
单萜	链状	顺-β-罗勒烯、反-β-罗勒烯、β-月桂烯
	环状	柠檬烯、α-蒎烯、β-蒎烯、α-松油烯、β-松油烯、γ-松油烯、α-水芹烯
倍半萜	链状	α-法尼烯
	环状	β-倍半水芹烯、α-荜澄茄油烯、α-葎草烯、γ-荜澄茄油烯、α-古巴烯、α-摩勒烯、γ-摩勒烯、δ-摩勒烯、β-石竹烯、α-雪松烯、长叶烯、α-倍半萜烯、β-倍半萜烯、β-愈创木烯、菖蒲烯、桧烯、β-丁香烯、α-杜松烯、γ-杜松烯、δ-杜松烯、α-姜黄烯、β-榄香烯、α-古芸烯等

茶叶中存在的单萜及倍半萜类化合物多为有特殊气味的挥发性油状液体，其沸点随分子量和双键数量的增加而升高，大多带有浓郁的甜香、花香和木香，且大部分结构中带有手性碳原子，存在香型及香气阈值均可能截然相反的对映异构体，折射率一般介于 1.45～1.50，旋光度在+97°～+117°范围内。下面介绍几个代表性的萜烯化合物。

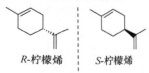

R-柠檬烯　　S-柠檬烯

柠檬烯：又称苧烯，属于单萜单环化合物，橙红、橙黄色或无色澄清液体，具有令人愉悦的香气。混溶于乙醇和大多数非挥发性油，微溶于甘油，不溶于水和丙二醇；沸点 175.5～176.5℃（101.72kPa），密度 0.8402g/cm³

统的活跃性，带给人们兴奋愉悦的感觉，是衡量茶叶品质的重要因子。迄
至少有 700 种香气化合物被研究报道。受茶叶的品种、产地、等级及加工
因素的影响，不同种类茶叶的香气组成也截然不同，也因此导致了风味迥异
香气类型。表 1-2 罗列了不同种类茶叶中含量最高的十种化合物，其中香叶
茶）、反式-2-己烯醛（红茶）、反式橙花叔醇（乌龙茶）、己醛（白茶）及 1,
甲氧基苯（普洱茶）为各大茶类中含量最高的化合物。

表 1-2　不同种类茶叶中含量最高的十种化合物

序号	绿茶	红茶	乌龙茶	白茶	黑茶（普洱
1	香叶醇	反式-2-己烯醛	反式橙花叔醇	己醛	1, 2, 3-三甲基苯
2	芳樟醇	己醛	吲哚	反式-2-己烯醛	顺式呋喃型芳樟醇氧化物
3	反式橙花叔醇	香叶醇	芳樟醇	顺式呋喃型芳樟醇氧化物	己醛
4	顺-己酸-3-己烯酯	芳樟醇	苯乙醛	芳樟醇	反式呋喃型芳樟醇氧化物
5	壬醛	顺式呋喃型芳樟醇氧化物	植醇	香叶醇	苯甲醛
6	脱氢芳樟醇	苯乙醛	α-法尼烯	苯乙醇	苯乙醛
7	反式-2-己烯醛	反式呋喃型芳樟醇氧化物	反式呋喃型芳樟醇氧化物	苯甲醛	α-松油醇
8	植醇	脱氢芳樟醇	脱氢芳樟醇	反式呋喃型芳樟醇氧化物	β-紫罗兰酮
9	庚醛	苯甲醛	苯乙腈	苯乙醇	雪松醇
10	顺-茉莉酮	水杨酸甲酯	己醛	顺-3-己烯-1-醇	芳樟醇

茶叶香气主要产生于茶树鲜叶以及加工过程。成品茶中的大多数挥发性化合
物在鲜叶中也同时存在，但受加工过程中的热物理化学以及生物合成转化作用影
响，化合物的含量经过加工后已发生极大的变化。茶叶中的挥发性化合物，由于
存在双键、羟基、羰基、羰基及酯基等发香基团，因此散发出各种各样的香气，
根据化学结构，它们可以分为烷烃类、烯烃类、醇类、醛类、酮类、酯类、内酯
类、芳香类、酸类、杂环类及其他化合物等。

1.9.1　烷烃类化合物

烷烃类化合物是饱和链烃，分子中的碳原子都以单键相连，其余的价键都与

（20.85℃）。具有良好的镇咳、祛痰、抑菌作用，在临床上可用于清胆利湿、溶解
结石、促进消化液分泌和排除肠内积气。柠檬烯具有 *R/S* 两种对映异构体，*R*-柠
檬烯具有令人愉悦的新鲜橙子香气；*S*-柠檬烯具有强烈的松节油般的气息，气味
阈值为 500μg/L。

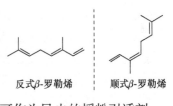

R-α-水芹烯　　　S-α-水芹烯

反式β-罗勒烯　　　顺式β-罗勒烯

α-水芹烯：无色至微黄色油状液体，具有黑胡椒
和薄荷香气，有左旋体和右旋体两种异构体。右旋
体（*S*-α-水芹烯），沸点 66～68℃，具有茴香味，气
味阈值为 200μg/L。左旋体（*R*-α-水芹烯），沸点 58～
59℃（2133Pa），溶于乙醇和乙醚，不溶于水，有药味，气味阈值为 500 μg/L。

β-罗勒烯：属于单萜链状化合物，有顺式和反式
两种结构。外观为无色或淡黄色油状液体。密度
0.818g/cm³（20℃）；沸点 176～178℃；折射率 1.484～
1.492；闪点 56～57℃。难溶于水，溶于乙醇、乙醚、
氯仿。有草香、花香并伴有橙花油气息，能与大多数
其他香料混合。β-罗勒烯是一种植物通信信号分子，可作为昆虫的授粉引诱剂。

1.9.3　醇类化合物

根据化学结构，茶叶香气中常见的醇类化合物可分为三种：脂肪醇、芳香醇
以及萜烯醇类。茶叶中的脂肪醇类化合物通常以戊醇和己醇为基本结构单元，沸
点较低，易挥发。茶叶中脂肪醇类化合物的典型代表为顺-3-己烯醇，它在鲜叶中
具有极高的含量，约占挥发性成分总量的 60%，占沸点 200℃以内挥发性化合物
总和的 80%。除此之外，低碳原子的饱和脂肪醇（如甲醇、乙醇、庚醇等）、含不
饱和双键的烯醇（如蘑菇醇、脱氢芳樟醇等）也是茶叶香气的重要组成成分。茶
叶中的芳香醇类化合物以苯环为基本结构单元，往往具有花果香，沸点通常较高，
含量较高的有苯甲醇、苯乙醇等。萜烯醇类化合物是形成茶叶优良香气品质的重
要化合物，是萜烯类化合物的一种含氧衍生物，具有异戊二烯的基本结构单元，
往往具有令人愉悦的芳香气味，呈浓郁的花香、果香及甜香等。茶叶中常见的
四种萜烯醇类化合物——芳樟醇、香叶醇、橙花醇和香茅醇，这四种化合物的
结构十分相似，在热或酶作用下可发生异构化，其中香叶醇和橙花醇为顺反异
构体，芳樟醇和香茅醇的结构中均存在不对称碳原子，因此具有旋光性。除此
之外，呋喃型芳樟醇氧化物、吡喃型芳樟醇氧化物、α-松油醇、4-萜品醇及橙
花叔醇等在茶叶中也有着较高的含量。表 1-4 列举了茶叶中常见的部分醇类化
合物。

表 1-4　茶叶中常见的部分醇类化合物

类别	醇类化合物
脂肪醇	甲醇、乙醇、异丙醇、庚醇、戊醇、顺-3-己烯醇、1-辛烯-3-醇、脱氢芳樟醇、壬醇、反-3-己烯醇、植醇
芳香醇、杂环醇	苯甲醇、1-苯基乙醇、2-苯基乙醇、苯丙醇、糠醇
萜烯醇	芳樟醇、香叶醇、橙花醇、香茅醇、α-松油醇、4-萜品醇、顺式呋喃型芳樟醇氧化物、反式呋喃型芳樟醇氧化物、顺式吡喃型芳樟醇氧化物、反式吡喃型芳樟醇氧化物、橙花叔醇、薄荷醇、雪松醇、β-萜品醇、γ-萜品醇、α-荜澄茄油醇、α-杜松醇

下面介绍几种代表性醇类化合物。

顺-3-己烯醇

顺-3-己烯醇：无色油状液体，沸点 157℃，有强烈且新鲜的青叶香气，稀释后气味清香，因此也被称之为"青叶醇"。由于结构式内存在双键，易在高温或酶作用下发生异构化，生成反-3-己烯醇等化合物，这也是茶叶由"清臭气"转化为"清香"的关键原因之一。该化合物往往是新茶的代表性物质，在陈茶中含量较低。

1-辛烯-3-醇

1-辛烯-3-醇：又称蘑菇醇，为脂肪族不饱和醇，外观为无色至淡黄色油状液体，具有蘑菇、薰衣草、玫瑰和干草香气。在各大茶类中均可被检出，由饱和或不饱和脂肪酸转化而来。

苯甲醇：苯甲醇是结构最简单的芳香醇之一，也称苄醇，密度为 1.045g/cm³（25℃），是最简单的含有苯基的脂肪醇，可以看作是羟甲基取代的苯，或苯基取代的甲醇，是具有玫瑰香的无色透明黏稠液体，可与乙醇、乙醚、苯、氯仿等有机溶剂混溶。1935年在煎茶中检出，在鲜叶及各类茶中均存在。

苯甲醇

R-芳樟醇　　　S-芳樟醇

芳樟醇：化学式为 $C_{10}H_{18}O$，属于链状萜烯醇类化合物，无色液体，具有铃兰香气。鲜叶中芳樟醇的含量很高，随着茶叶加工进程，其含量逐渐降低，其在成品茶中一般仍具有较高的含量，尤其在红茶、白茶中，几乎是含量最高的化合物。芳樟醇的结构中具有不对称碳原子，存在香气特性及生理活性均截然不同的对映异构体，R-芳樟醇和 S-芳樟醇。R-芳樟醇具有木香和类似薰衣草的香气特征，香气阈值为 0.8μg/L，能引起心率的显著降低，有助于消除消极情绪，同时提高积极情绪；S-芳樟醇具有甜香、花香以及类似橙叶的香气特征，香气阈值为 7.4μg/L，并无消除消极情绪的功能。研究表明，大部分茶叶中芳樟醇是以 S 构型为主导，而部分大叶种红茶及印尼白茶中 R-芳樟醇的比例远高于 S-芳樟醇。

香叶醇：又称为牻牛儿醇，是链状单萜

烯醇类化合物。无色至黄色油状液体，具有
温和、甜的玫瑰花气息，味有苦感。溶于乙
醇、乙醚、丙二醇、矿物油和动物油，微溶

香叶醇　　　　　橙花醇

于水，不溶于甘油。具有抑菌和杀菌作用，对须癣毛癣菌和奥杜安氏小孢子菌的
最低抑菌浓度为 0.39mg/mL，对革兰氏阳性菌、革兰氏阴性菌及一些真菌具有一
定的抑制作用，还具有驱豚鼠、蛔虫的作用。香叶醇是茶叶中最重要的香气化合
物之一，尤其在绿茶及茶鲜叶中，往往含量最高。与香叶醇结构互成顺反异构的
是橙花醇，有令人愉快的玫瑰和橙花的香气，香气较平和，微带柠檬样的果香，
其香气比香叶醇柔和优美，相对偏清，并带有新鲜的清香和柑橘香调。1965 年在
茶叶中被检出，由于其在氧化酶作用下易生成含氧衍生物，因此对红茶香气的生
成具有较大影响。

橙花叔醇：无色至草黄色糖浆状油性液体，溶于乙醇、丙二醇、大多数非挥
发性油和矿物油，不溶于甘油，沸点 276~277℃，密度 0.876g/cm³（25℃），是茶
叶中常见的链状倍半萜类萜烯醇，在乌龙茶中具有极高的含量，与乌龙茶的等级
具有一定相关性，被证实是乌龙茶"花香"的关键来源。橙花叔醇具有顺反异构
体，且结构中含不对称碳原子，因此具有 4 个对映异构体。研究表明，S-顺式橙
花叔醇呈木香、清香，R-顺式橙花叔醇呈强烈的花香、甜香以及清香，S-反式橙
花叔醇呈柔和的花香及甜香（强度低于 R-顺式橙花叔醇），R-反式橙花叔醇呈木
香、霉味等。大部分茶叶中橙花叔醇以 S-反式橙花叔醇为主。此外，橙花叔醇具
有诸多生物活性，被证实具有抗肿瘤、抗溃疡、抗氧化、抗菌及抑制巴贝西虫寄
生等作用。

S-顺式橙花叔醇　　　　R-顺式橙花叔醇　　　　S-反式橙花叔醇　　　　R-反式橙花叔醇

芳樟醇氧化物：主要由茶鲜叶中以糖苷形式存在的结合态香气化合物在 β-葡
萄糖苷酶及 β-樱草糖苷酶等水解酶的催化作用下水解形成，也有一部分来源于芳
樟醇的氧化作用。根据化学结构，有五元环和六元环两种。五元环结构的芳樟醇

芳樟醇氧化物A　　　芳樟醇氧化物B　　　芳樟醇氧化物C　　　芳樟醇氧化物D

氧化物称为呋喃型芳樟醇氧化物（A/B），有顺、反异构体，于1964年在茶叶中被检出，无色液体，沸点188℃，密度0.940～0.945g/cm³（20/4℃），折射率1.475～1.478，具有桉叶油素、樟脑等弱木香型香气，在鲜叶及各类茶中均存在，制茶时因揉捻而大量产生。六元环结构的芳樟醇氧化物称为吡喃型芳樟醇氧化物（C/D），也存在顺、反异构体，分别于1964年和1966年在茶叶中被检出，为白色结晶，密度0.99～1.00g/cm³（20/4℃），折射率1.475～1.478（20℃），熔点93～97℃，具有樟脑等弱木香型香气，存在于鲜叶及各类茶中，在茶叶中的含量往往低于呋喃型氧化物，揉捻时含量大幅度上升。

芳樟醇氧化物A、B、C、D均存在不对称碳原子，因此具有旋光性，存在香气特征不同的8种对映异构体：（2*R*, 5*R*）-芳樟醇氧化物A及（2*R*, 5*S*）-芳樟醇氧化物B具有青叶香及泥土香，（2*S*, 5*S*）-芳樟醇氧化物A、（2*S*, 5*R*）-芳樟醇氧化物B、（2*S*, 5*R*）-芳樟醇氧化物C及（2*S*, 5*S*）-芳樟醇氧化物D具有甜香、花香及奶油香，（2*R*, 5*S*）-芳樟醇氧化物C及（2*R*, 5*R*）-芳樟醇氧化物D则具有泥土气息。

1.9.4　醛类化合物

醛类化合物可分为脂肪醛、芳香醛、杂环醛及萜烯醛类。脂肪醛是醛基与脂肪烃基（或氢原子）连接的醛类化合物，化学通式是RCHO，C_3～C_{11}醛为液体，高碳醛为固体，溶于有机溶剂。低级脂肪醛有刺激性气味，C_8以上脂肪醛有令人较愉快的气味。茶叶中常见的脂肪醛碳个数介于2～10之间，具有极低的气味阈值，对茶叶香气品质的形成具有十分重要的影响。表1-5列举了茶叶中常见的部分脂肪醛及其香气特性。

表1-5　茶叶中常见的部分脂肪醛及其香气特性

化合物	化学结构式	香气特征	气味阈值（以水为介质）/（μg/kg）
乙醛	CH_3CHO	刺激性气味	15～120
己醛	$CH_3(CH_2)_4CHO$	强烈的清香、果香	4.5
庚醛	$CH_3(CH_2)_5CHO$	青气、杏仁味及坚果味	3.0
辛醛	$CH_3(CH_2)_6CHO$	辛辣、很强的水果香味	0.7
壬醛	$CH_3(CH_2)_7CHO$	蜡香、甜橙香、脂肪气息、花香	1.0
癸醛	$CH_3(CH_2)_8CHO$	甜香、柑橘香、蜡香、花香、脂肪气息	0.1
异戊醛	$(CH_3)_2CHCH_2CHO$	高度稀释后有苹果香、巧克力香	0.2
反-2-辛烯醛	$CH_3(CH_2)_4CH{=}CHCHO$	脂肪香、坚果香	3.0
反-2-壬烯醛	$CH_3(CH_2)_5CH{=}CHCHO$	青气、动物脂肪香	0.08

　　茶叶中常见的芳香醛化合物有苯甲醛、苯乙醛等。苯甲醛：化学式 C_7H_6O，分子量 106.12，无色液体，沸点 $178\sim185℃$，密度 $1.0440g/cm^3$，折射率 $1.5440\sim1.5460$，在室温下为无色液体，具有特殊的杏仁气味，普遍存在于茶鲜叶及成品茶中，气味阈值 $350\mu g/kg$。

苯甲醛

　　苯乙醛：无色或淡黄色液体，具有玫瑰及类似风信子的香气，稀释后具有水果的甜香气。难溶于水，溶于大多数有机溶剂。在鲜叶及各大茶类中均以较高的含量被检测到，气味阈值仅 $4.0\mu g/kg$，因此对茶叶的花香具有较大的贡献。

苯乙醛

　　糠醛：为茶叶中常见的杂环醛，又称 2-呋喃甲醛，无色透明油状液体，有类似苯甲醛的特殊气味，一般被认为是加工过程中美拉德反应的产物，是绿茶烘炒香的主要来源之一。

糠醛

　　萜烯醛类化合物为具有异戊二烯结构单元的醛类衍生物，茶叶中重要的萜烯醛类化合物有香叶醛、橙花醛及香茅醛等。

　　香叶醛（又称反式柠檬醛）和橙花醛（又称顺式柠檬醛）互为顺反异构体，无色或微黄色液体，呈浓郁柠檬香味。香叶醛：密度 $0.8810\sim0.8910g/cm^3$（$25℃$），折射率

香叶醛　　橙花醛

1.4891，沸点 $118\sim119℃$（2666Pa），在红茶中具有较高含量，香气阈值为 $1000\mu g/kg$。

　　橙花醛：密度 $0.8850\sim0.8910g/cm^3$（$25℃$），折射率 1.4891，沸点 $117\sim118℃$（2666Pa）。溶于非挥发性油、挥发性油、丙二醇和乙醇，不溶于甘油和水。

S-香茅醛　　R-香茅醛

　　香茅醛：学名 3,7-二甲基-6-辛烯醛，是一种链状单萜，为无色或淡黄色油状液体，沸点 $205\sim208℃$，分子中有不对称碳原子，存在 R、S 构型。R-香茅醛呈强烈、清新、草本及柑橘香，气味阈值 $25\mu g/kg$，S-香茅醛呈清新及柑橘香，气味阈值也是 $25\mu g/kg$。

1.9.5　酮类化合物

　　茶叶中的酮类化合物分为链状脂肪酮、环状脂肪酮及芳香酮等。茶叶中的链状脂肪酮有许多种，如香叶基丙酮、丙酮、2-丁酮、6-甲基-5-庚烯-2-酮及庚酮等。茶叶中环状脂肪酮较为重要，如类胡萝卜素衍生的 13 碳原子的环化产物 α-紫罗兰酮、β-紫罗兰酮、β-大马酮及茶螺烯酮，以及茉莉酸经脱水氧化及脱羧反应生成的顺茉莉酮等。

　　香叶基丙酮：学名 3,7-二甲基-2,6-辛二烯基丙酮，无色或淡黄色油性液体，沸点 $247℃$，密度 $0.8610\sim0.8670g/cm^3$

香叶基丙酮

（25℃），具有青香、果香、蜡香、木香，并有生梨、番石榴、苹果、香蕉、热带水果香韵，溶于乙醇等有机溶剂，是维生素 E 的关键中间体，被广泛应用于医药及食品领域，也可用作食用香精或化妆品中的花香剂和甜香剂，通过六氢番茄红素非酶促氧化后进一步发生开环反应而生成，广泛存在于各大茶类中。

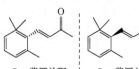

S-α-紫罗兰酮　　R-α-紫罗兰酮

α-紫罗兰酮：是一种无色至微黄色液体。呈木香和较强的紫罗兰香气，稀释后呈鸢尾根香气，再与乙醇混合，则呈紫罗兰香气。沸点 237℃，闪点 115℃。不溶于水和甘油，溶于乙醇、丙二醇、大多数非挥发性油和矿物油。α-紫罗兰酮具有旋光性，S-α-紫罗兰酮具有类似木材的香气，阈值为 20~40μg/kg，R-α-紫罗兰酮具有紫罗兰香气，香气阈值为 0.5~5μg/kg，而它们的消旋体则为强烈的甜花香气味。R-α-紫罗兰酮最早于 1967 年在红茶中被检测出。

β-紫罗兰酮

β-紫罗兰酮：淡黄色至黄色油性液体，在室温下具有特殊的紫罗兰香气，溶于乙醇、二乙酯和二氯甲烷中，微溶于水。密度 0.9390~0.9470g/cm³（25℃），沸点 126~128℃，折射率 1.5190~1.5215，闪点 122℃。β-紫罗兰酮在绿茶中的含量较高，由于其香气阈值极低（0.007μg/kg），因此对绿茶香气的形成具有重要影响。

β-大马酮

β-大马酮：化学式 $C_{10}H_{18}O$，1974 年在茶叶中被检出，折射率 1.5123，密度 0.9280~0.9360g/cm³（25℃），几乎不溶于水，溶于乙醇等有机溶剂，呈近似玫瑰的强烈芳香。β-大马酮存在于绿茶、红茶及乌龙茶中，是 β-胡萝卜素的初级氧化降解产物。

茶螺烯酮

茶螺烯酮：化学式 $C_{13}H_{20}O_2$，沸点 125~135℃，具有果实、干果类香气。于 1968 年在茶叶中被检出，存在于成品茶中，是 β-胡萝卜素的二级氧化降解产物，可进一步转化为茶螺烷。具有顺反异构体，也具有手性中心。

顺茉莉酮

顺茉莉酮：化学式 $C_{11}H_{16}O$，淡黄色油状液体，沸点 248℃（100kPa）、146℃（3.6kPa）、134~135℃（1.6kPa），密度 0.9420~0.9480g/cm³（25℃），折射率 1.4979（22℃），溶于乙醇，微溶于水，呈强烈而优美的茉莉花香，于 1965 年在茶叶中被检出，在茶鲜叶及各类成品茶中均存在。

茶叶中常见的芳香酮有苯乙酮等。

苯乙酮

苯乙酮：无色晶体或浅黄色油状液体，沸点 202℃，具有浓郁的刺槐味、杏仁味和甜味，不溶于水，易溶于多数有机溶剂，不溶于甘油，在水中的气味阈值为 65μg/kg，于 1937 年在煎茶中检出。

1.9.6　酯类化合物

茶叶香气成分中存在大量的酯类化合物，它们往往具有令人清新愉悦的花香或果香特征，对茶叶优质香气品质形成起着重要作用。茶叶中常见的酯类化合物一般是低级酯和芳香酯，表 1-6 列举了茶叶中常见的部分酯类化合物。

表 1-6　茶叶中常见的酯类化合物

类别	酯类化合物
低级酯	乙酸乙酯、乙酸-顺-3-己烯酯、丁酸-顺-3-己烯酯、反-2-己烯酸-顺-3-己烯酯、己酸-顺-3-己烯酯、乙酸橙花酯、乙酸香叶酯、乙酸芳樟酯、乙酸香草酯
高级酯	棕榈酸甲酯
芳香酯	苯甲酸甲酯、乙酸苯甲酯、乙酸苯乙酯、水杨酸甲酯、邻氨基苯甲酸甲酯、苯甲酸-顺-3-乙烯酯、邻苯二甲酸二丁酯、茉莉酸甲酯

乙酸-顺-3-己烯酯：化学式 $C_8H_{14}O_2$，又称乙酸叶醇酯，无色至淡黄色液体，沸点 169℃，密度 0.897g/cm^3（25℃），折射率 1.429（20℃），具有强烈的香蕉型清香和花香。于 1962 年在茶叶中被检出，存在于绿茶、红茶及后发酵茶中，大量产生于蒸青煎茶期间，是高档绿茶的香气特征物质之一，在茉莉花茶中含量较高。

己酸-顺-3-己烯酯：化学式 $C_{12}H_{22}O_2$，又称己酸叶醇酯，无色至淡黄色液体，呈强烈弥散性梨香。几乎不溶于水，溶于乙醇、丙二醇和大多数非挥发性油类。存在于绿茶的高沸点组分中，对西湖龙井茶香气的形成具有显著贡献。在水中的气味阈值为 16μg/kg。

乙酸香叶酯：化学式 $C_{12}H_{20}O_2$，属于萜烯族酯，无色至淡黄色油状液体，呈玫瑰油与薰衣草油混合后的香气，稀释后呈苹果香味。沸点 245℃，闪点 104℃。溶于乙醇、乙醚和大多数非挥发性油，微溶于丙二醇，难溶于水，不溶于甘油。广泛存在于绿茶及红茶中。

乙酸芳樟酯：化学式 $C_{12}H_{20}O_2$，属于萜烯族酯，无色透明液体，不溶于甘油，微溶于水，溶于乙醇、丙二醇、乙醚等有机溶剂。有令人愉快的花香和果香，香气似香柠檬和薰衣草，透发而不持久。

水杨酸甲酯：化学式为 $C_8H_8O_3$，学名为邻羟基苯甲酸甲酯，又称冬青油，是一种无色或浅黄色或浅黄红色透明油状液体，沸点 223.3℃，有强烈的冬青油香气。不溶于水，溶于乙醇、乙醚、冰醋酸等通用有机溶剂。可作为医药制剂中口腔药与涂剂等的赋香剂，还用作溶剂和医药杀虫剂、杀菌剂等中间体。水杨酸甲酯广泛存在于鲜叶及各大茶类中，尤其在锡兰红茶中有着极高的含量，是锡兰红茶典型清新似薄荷香气的主要来源。

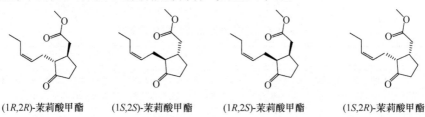

(1*R*,2*R*)-茉莉酸甲酯　　　(1*S*,2*S*)-茉莉酸甲酯　　　(1*R*,2*S*)-茉莉酸甲酯　　　(1*S*,2*R*)-茉莉酸甲酯

茉莉酸甲酯：化学式为 $C_{13}H_{20}O_3$，沸点 110℃，密度 1.0170～1.0230g/cm³（25℃），无色油状液体，折射率 1.4730，溶于乙醇与油类。广泛地存在于植物体中，外源应用能够激发防御植物基因的表达，诱导植物的化学防御，产生与机械损伤和昆虫取食相似的效果。茉莉酸甲酯广泛存在于鲜叶、绿茶及乌龙茶中，来源于 α-亚麻酸的氧化裂解作用，通过 13 位脂氧合酶作用被氧化，再通过丙二烯氧合酶环化生成环氧亚麻酸，然后在丙二烯氧化物环氧化酶的作用下转化为 12-氧-植物二烯酸（OPDA），OPDA 通过还原、β-氧化步骤生成了中间体——茉莉酸，茉莉酸进一步甲基化生成花香及甜香的茉莉酸甲酯。茉莉酸甲酯是绿茶及乌龙茶的关键香气化合物，存在 4 种对映异构体，它们在香型上有较大差异：（1*R*, 2*R*）型具有微弱的茉莉香气，（1*R*, 2*S*）型具有典型且强烈的茉莉香，而（1*S*, 2*S*）型及（1*S*, 2*R*）型无明显香型。乌龙茶中天然存在的为（1*R*, 2*S*）型及（1*R*, 2*R*）型，其中（1*R*, 2*S*）型茉莉酸甲酯对茶叶香气的影响远大于（1*R*, 2*R*）型，但（1*R*, 2*R*）型在加热条件下会转化为（1*R*, 2*S*）型，这可能是乌龙茶在加工过后花香显著的重要原因。

1.9.7　内酯类化合物

茶叶中存在多种 γ 及 δ-内酯类化合物，它们主要来源于茶叶加工中 γ（δ）-羟基羧酸分子内酯化或胡萝卜素降解，目前已鉴定出茶叶香气中的 γ（δ）-内酯有二氢猕猴桃内酯、茉莉内酯、γ-戊内酯（n=0）、γ-己内酯（n=1）、γ-庚内酯（n=2）、γ-辛内酯（n=3）、γ-壬内酯（n=4）、γ-癸内酯（n=5）及 δ-癸内酯（n=4）等。

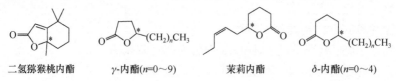

二氢猕猴桃内酯　　　γ-内酯(n=0～9)　　　茉莉内酯　　　δ-内酯(n=0～4)

γ（δ）-内酯类化合物的基本化学骨架为具有不同取代基的呋喃（吡喃）酮，其 γ（δ）位的碳原子均为不对称碳原子，具有旋光性，存在香气特征及香气阈值差异显著的对映异构体。表 1-7 列举了茶叶中常见的 γ（δ）-内酯类化合物。

表 1-7　内酯类化合物对映异构体的香气特征

化合物	构型	香气特征[水中气味阈值(μg/kg)]	构型	香气特征[水中气味阈值(μg/kg)]
γ-己内酯	R	甜的椰子香、甘草香	S	奶油香、木香
γ-庚内酯	R	甜香、香豆素的香气(700)	S	脂甜香、椰子的香气(890)
γ-辛内酯	R	杏仁香(300)	S	脂甜香、椰子香(130)
γ-壬内酯	R	强烈的脂肪香、奶香(220)	S	弱的椰子香气(150)
γ-癸内酯	R	强烈的水果香、脂甜香(红酒中气味阈值34)	S	柔和的脂甜香、椰奶香(红酒中气味阈值47)
δ-癸内酯	R	高品质的果香、香气柔和	S	甜香、奶香、油脂气较重
二氢猕猴桃内酯	R	麝香、香豆素气息	消旋体	成熟的杏子香、果酱香、木香

二氢猕猴桃内酯：化学式 $C_{11}H_{16}O_2$，沸点 296℃，1968 年在茶叶中被检出，是多种名优茶的特征性香气成分，在茶叶发酵、干燥过程中含量增加，是类胡萝卜素酶促降解、光氧化反应（萎凋及晒青过程中）、自氧化反应及热降解反应（蒸青、锅炒杀青、揉捻及干燥过程中）的产物。

茉莉内酯：化学式 $C_{10}H_{16}O_2$，无色或淡黄色油状液体，沸点 95~100℃。不溶于水，溶于乙醇和油类，具有奶油香、果香及茉莉花香气。于 1973 年在茶叶中被检出，是乌龙茶、红茶及茉莉花茶的主要香气成分，与乌龙茶的品质呈正相关性。分子内含不对称碳原子，具有旋光性。

香豆素：化学式 $C_9H_6O_2$，白色结晶固体，沸点 298℃，相对密度 0.9350，具有新鲜干草香和香豆香。在茶叶中，它主要来源于茶树次生代谢的莽草酸途径：L-苯丙氨酸转化形成的肉桂酸发生羟基化反应，生成反式邻羟基肉桂酸，继而在光照作用下异构化为顺式异构体，最终环化生成香豆素。香豆素存在于中国及日本绿茶、红茶及乌龙茶中，尤其在日本绿茶中，其含量极为显著，是日本绿茶甜香及药草香的关键来源。另外，也有研究表明，一部分香豆素来源于其相应糖苷前体的水解。

香豆素

1.9.8　芳香类化合物

芳香类化合物即结构中带苯环结构的碳氢化合物及其含杂原子的衍生物，茶叶中常见的有仅含碳氢原子的芳香烃类化合物以及含羟基的酚类化合物。茶叶中芳香烃类化合物的种类繁多，含量相对较高的有 1-甲基萘、2-甲基萘及甲苯等。茶叶中普遍存在的酚类化合物有苯酚及其衍生物、愈创木酚、4-乙基愈创木酚及 4-乙烯基愈创木酚等。

4-乙基愈创木酚：化学式 $C_9H_{12}O_2$，无色至淡黄色液体，沸点

4-乙基愈创木酚

235℃，溶于丙二醇、植物油，不溶于水。呈暖的香辛料和草药香气，气味阈值为25μg/kg。

1.9.9 酸类化合物

根据化学结构，茶叶中的酸类化合物分为饱和脂肪酸、不饱和脂肪酸以及芳香酸。酸类化合物大多呈现令人不愉快的油脂味及腐臭味，但香气阈值普遍偏高，因此对茶叶香气品质的影响较小。表1-8罗列了茶叶中常见的部分酸类化合物。

表 1-8 茶叶中常见的部分酸类化合物

类别	酸类化合物
饱和脂肪酸	甲酸、乙酸、丁酸、己酸、庚酸、辛酸、壬酸、癸酸、十一烷酸、月桂酸
不饱和脂肪酸	棕榈酸、亚麻酸、反-2-己烯酸、顺-3-己烯酸
芳香酸	苯甲酸、苯乙酸、水杨酸

1.9.10 杂环类化合物

茶叶中的杂环类化合物大多是美拉德反应的产物，包括以呋喃、吡咯、噻吩、噁唑、噻唑、吡啶及吡嗪等为基本骨架的挥发性衍生物，这些化合物大多具有甜香或烘烤香。表1-9罗列了茶叶中常见的杂环类化合物的化学结构及相应的香气特征。

表 1-9 茶叶中常见的杂环类化合物

化合物	化学结构	香气特征	代表性化合物
呋喃		甜香、辛辣、肉桂香	呋喃甲醇、2-乙酰基呋喃、2-戊基呋喃、2-乙基呋喃
吡咯		甜醚香、微烟	2-甲酰吡咯、2-乙酰吡咯、1-乙基-2-甲酰吡咯、吲哚
噻吩		硫味	噻吩
噁唑		稀释后有甜香	噁唑
噻唑		烘炒香、咖啡香	苯并噻唑、2,5-二甲基噻唑
吡啶		酸腐味、氨味	吡啶、2-甲基吡啶
吡嗪		烘烤香、坚果香	吡嗪、2-甲基吡嗪、2,5-二甲基吡嗪、2-乙基-3,5-二甲基吡嗪

吲哚：吲哚是吡咯与苯并联的化合物，又称苯并吡咯。片状白色晶体，沸点 253～254℃，溶于乙醇、丙二醇及油类，几乎不溶于石蜡油和水，在水中的气味阈值为 140μg/kg。溶液浓时具有强烈的粪臭味，扩散力强而持久；高度稀释的溶液有宜人的花香味。源自美拉德反应，广泛存在于绿茶、红茶及乌龙茶中，是乌龙茶"花香"的关键来源之一。

1.9.11　其他化合物

除了上述的十类化合物以外，茶叶中还存在醚类、硫醚、腈类及胺类等化合物。硫醚多为蛋氨酸 Strecker 降解反应的产物，常见的有二甲硫醚及二甲基三硫醚等。前者于 1963 年煎茶中被检出，具有清香，存在于日本蒸青茶及红茶中，气味阈值低至 7.6μg/kg，使绿茶具有特有的新茶香。后者存在于红茶中，具有腐臭气味。表 1-10 列举了茶叶中常见的其他化合物。

表 1-10　茶叶中常见的其他化合物

类别	代表性化合物
醚类	乙醚、茴香醚、1, 2-二甲氧基-4-甲基苯、1, 2, 3-三甲氧基苯、1, 4-二甲氧基苯
硫醚	二甲基硫醚、二甲基二硫醚、二甲基三硫醚
腈类	乙腈、苯甲腈、苯乙腈、3 -甲基丁腈
胺类	苯胺、N-甲基苯胺、N-乙基乙酰胺

参 考 文 献

陈宗懋, 杨亚军. 2011. 中国茶经. 上海: 上海文化出版社.
陈宗懋, 甄永苏. 2014. 茶叶的保健功能. 北京: 科学出版社.
李旭玫. 2002. 茶叶中的矿质元素对人体健康的作用. 中国茶叶, 2: 30-31.
林杰, 段玲靓, 吴春燕, 等. 2010. 茶叶中的黄酮醇类物质及对感官品质的影响. 茶叶, 36(1): 14-18.
刘红, 田晶. 2008. 茶皂甙的化学结构及生物活性最新研究进展. 食品科技, 5: 186-190.
吕海鹏, 谭俊峰, 林智. 2006. 茶树种质资源 EGCG3″Me 含量及其变化规律研究. 茶叶科学, 26(4): 310-314.
邵晨阳, 吕海鹏, 朱荫, 等. 2017. 不同茶类中挥发性萜类化合物的对映异构体. 中国农业科学, 50(6): 1109-1125.
折改梅, 陈可可, 张颖君, 等. 2007. 8-氧化咖啡因和嘧啶类生物碱在普洱熟茶中的存在. 云南植物研究, 29(6): 713-716.
施梦南, 龚淑英. 2012. 茶叶香气研究进展. 茶叶, 38(1): 19-23.
孙宝国. 2003. 食用调香术. 北京: 化学工业出版社.

宛晓春. 2003. 茶叶生物化学. 3 版. 北京: 中国农业出版社.

王华夫, 竹尾忠一, 伊奈和夫, 等. 1993. 祁门红茶的香气特征. 茶叶科学, 13(1): 61-68.

王力, 林智, 吕海鹏, 等. 2010. 茶叶香气影响因子的研究进展. 食品科学, 31(15): 293-298.

吴勇. 2009. 萜烯类化合物与茶叶香气. 化学工程与装备, 11: 123-125.

杨停, 朱荫, 吕海鹏, 等. 2015. 茶叶香气成分中芳樟醇旋光异构体的分析. 茶叶科学, 35(2): 137-144.

袁海波, 尹军峰, 叶国柱, 等. 2009. 茶叶香型及特征物质研究进展. 中国茶叶, 31(8): 14-15.

朱荫, 杨停, 施江, 等. 2015. 西湖龙井茶香气成分的全二维气相色谱-飞行时间质谱分析. 中国农业科学, 48(20): 4120-4146.

张正竹, 施兆鹏, 宛晓春. 2000. 萜类物质与茶叶香气(综述). 安徽农业大学学报, 27(1): 51-54.

村松敬一郎, 小国伊太郎, 伊勢村護, 等. 2002. 茶の機能—生体機能の新たな可能性. 東京: 学会出版センター.

伊奈和夫, 坂田完三, 鈴木壮幸, 等. 2007. 緑茶・中国茶・紅茶の化学と機能. 川崎: 株式会社 アイ・ケイコーポレーション(旧弘学出版).

中林敏郎, 伊奈和夫, 坂田完三. 1991. 緑茶・紅茶・烏龍茶の化学と機能. 川崎: 弘学出版.

Burdock G A. 2010. Fenaroli's Handbook of Flavor Ingredients. 6th ed. Boca Raton: CRC Press.

Chiu F L, Lin J K. 2005. HPLC analysis of naturally occurring methylated catechins, 3″-and 4″-methyl-epigallocatechin gallate, in various fresh tea leaves and commercial teas and their potent inhibitory effects on inducible nitric oxide synthase in macrophages. Journal of Agricultural and Food Chemistry, 53(18): 7035-7042.

Eguchi T, Kumagai C, Fujihara T, et al. 2013. Black tea high-molecular-weight polyphenol stimulates exercise training-induced improvement of endurance capacity in mouse via the link between AMPK and GLUT4. PLoS One, 8(7): e69480.

Hodgson J M, Croft K D. 2010. Tea flavonoids and cardiovascular health. Molecular Aspects of Medicine, 31(6): 495-502.

Ho C T, Zheng X, Li S. 2015. Tea aroma formation. Food Science & Human Wellness, 4: 9-27.

Ishida H, Wakimoto T, Kitao Y, et al. 2009. Quantitation of chafurosides A and B in tea leaves and isolation of prechafurosides A and B from oolong tea leaves. Journal of Agricultural and Food Chemistry, 57(15): 6779-6786.

Kobayashi A, Kubota K. 1994. Chirality in tea aroma compounds//Kurihara K, Suzuki N, Ogawa H. Olfaction and Taste XI. Tokyo: Springer: 260-261.

Kerio L C, Wachiraa F N, Wanyoko J K, et al. 2012. Characterization of anthocyanins in Kenyan teas: extraction and identification. Food Chemistry, 131(1): 31-38.

Kitagawa I, Hori K, Motozawa T, et al. 1998. Structures of new acylated oleanene-type triterpene oligoglycosides, theasaponins E1 and E2, from the seeds of tea plant, Camellia sinensis(L.) O. KUNTZE. Chemical & Pharmaceutical Bulletin, 46(12): 1901-1906.

Kuhnert N. 2010a. Unraveling the structure of the black tea thearubigins. Archives of Biochemistry and Biophysics, 501(1): 37-51.

Luo Z M, Du H X, Li L X, et al. 2013. Fuzhuanins A and B: the B-ring fission lactones of flavan-3-ols from Fuzhuan brick-tea. Journal of Agricultural and Food Chemistry, 61(28): 6982-6990.

Maga, J A, Katz I. 1976. Lactones in foods. Critical Reviews in Food Science and Nutrition, 8: 1-56.

Mu B, Zhu Y, Lv H, et al. 2018. The enantiomeric distributions of volatile constituents in different tea cultivars. Food Chemistry, 265: 329-336.

Peterson J, Dwyer J, Bhagwat S, et al. 2005. Major flavonoids in dry tea. Journal of Food Composition and Analysis, 18(6): 487-501.

Preedy V R. 2012. Tea in health and disease prevention. London: Academic Press: 343-360.

Wang H F, Provan G J, Helliwell K. 2000. Tea flavonoids: their functions, utilisation and analysis. Trends in Food Science & Technology, 11(4-5): 152-160.

Wang H F, Helliwell K. 2000. Epimerisation of catechins in green tea infusions. Food Chemistry, 70(3): 337-344.

Yang Z, Baldermann S, Watanabe N. 2013. Recent studies of the volatile compounds in tea. Food Research International, 53: 585-599.

Zheng X Q, Li Q S, Xiang L P, et al. 2016. Recent advances in volatiles of teas. Molecules, 21: 338-349.

Zhou Z H, Zhang Y , Xu M, et al. 2005. Puerins A and B, two new 8-C substituted flavan-3-ols from Pu-er tea. Journal of Agricultural and Food Chemistry, 53(22): 8614-8617.

Zhu J C, Wang L Y, Xiao Z B, et al. 2018. Characterization of the key aroma compounds in mulberry fruits by application of gas chromatography-olfactometry(GC-O), odor activity value(OAV), gas chromatography-mass spectrometry(GC-MS) and flame photometric detection(FPD). Food Chemistry, 245: 775-785.

Zhu Y, Lv H P, Dai W D, et al. 2016. Separation of aroma components in Xihu Longjing tea using simultaneous distillation extraction with comprehensive two-dimensional gas chromatography-time-of-flight mass spectrometry. Separation and Purification Technology, 164: 146-154.

Zhu Y, Shao C, Lv H, et al. 2017. Enantiomeric and quantitative analysis of volatile terpenoids in different teas(Camellia sinensis). Journal of Chromatography A, 1490: 177-190.

Zhu Y, Lv H, Shao C, et al. 2018. Identification of key odorants responsible for chestnut-like aroma quality of green teas. Food Research International, 108: 74-82.

Zorn H, Langhoff S, Scheibner M, et al. 2003. Cleavage of β, β-carotene to flavor compounds by fungi. Applied Microbiology and Biotechnology, 62: 331-336.

第2章 茶叶提取物的生产工艺

茶叶是世界上消费量仅次于水的天然饮料，有着丰富的营养物质，为消费者提供品质与健康享受。茶叶中所含有的营养物质，如果能够得到深加工增值利用，不仅可以更方便消费者的使用，也能促进茶叶资源的高效利用与产业发展。茶叶资源的开发利用，首要任务是将茶叶中的功能成分提取出来，制备成各种提取物，然后应用到食品、医药、化工等行业的产品中。目前，茶叶中功能成分的提取制备报道较多，主要有茶多酚、茶氨酸、茶黄素、茶多糖、茶叶香精油等，所形成的提取制备方法也各不相同。

2.1　茶多酚的提取制备工艺

2.1.1　茶多酚提取制备的传统工艺

提取制备茶多酚的经典方法，主要有溶剂萃取法、金属离子沉淀法和柱层析法。

1. 溶剂萃取法

溶剂萃取法是较传统的方法，主要是根据茶多酚（儿茶素）易溶于水、甲醇、乙醇、丙酮和乙酸乙酯等，不溶于氯仿、苯等有机溶剂的特性，利用茶多酚和茶叶中其他成分在不同溶剂中溶解度的差异进行分离。

溶剂萃取法提取制备茶多酚的常用工艺路线为：茶叶浸提→过滤→滤液浓缩→除杂质→乙酸乙酯萃取→回收溶剂→干燥→茶多酚产品。传统工艺中常用热水作为浸提溶剂，但是随着提取温度的升高，儿茶素易氧化形成邻醌初级产物，然后继续聚合形成联苯酚醌类物质，再进一步氧化生成茶色素，产品纯度通常只能达到50%～70%。

一般来说，茶叶提取液中还含有纤维素、茶色素、咖啡因等杂质。去除杂质的方法主要有用氯仿去除咖啡因、用石油醚去除色素、低温静置除沉淀等。用柠檬酸等有机酸洗涤茶叶提取液，可使茶多酚中咖啡因的含量降至1%左右，但茶多酚损失较多。

溶剂萃取法制备茶多酚的工艺成熟，已实现了工业化生产，但是生产高纯度茶多酚需要进行反复除杂精制，有机溶剂消耗量大。生产中应用的有机溶剂，部分存在回收困难、有毒性等问题，污染环境；如工艺处理不当，产品可能存在有机溶剂的残留，不够安全；另外，工艺烦琐复杂、能耗较大、生产成本较高。

针对溶剂萃取法的不足，目前已有一些改进工艺，如采用乙醇、氯仿等作为提取溶剂，可以延缓茶多酚的氧化，向萃取体系中加入果胶酶后再用有机溶剂萃取，能明显改善萃取体系的萃取速率和传质系数，提高茶多酚的萃取率；向萃取体系中加入硫酸钠溶液，可增加有机相和水相的极性差别，缩短茶多酚的提取时间等。

2. 金属离子沉淀法

茶多酚在一定条件下可与某些金属离子络合生成结晶性沉淀，使其从浸提液中分离出来，与茶叶中的咖啡因、单糖、氨基酸等组分分离，从而制备茶多酚。该法制备茶多酚的主要步骤为，茶叶经热水浸提后，调节 pH 值，加入沉淀剂形成茶多酚与金属离子的沉淀物，沉淀经酸转溶和乙酸乙酯萃取，干燥后可得茶多酚产品。常用的沉淀剂有 Al^{3+}、Ca^{2+}、Fe^{2+}、Mg^{2+}、Zn^{2+}、Ba^{2+}等多种离子，其中 Zn^{2+}、Al^{3+}是茶多酚得率较高的弱酸性沉淀剂，生产上多选用 Zn^{2+}为沉淀剂。研究表明，采用 Zn^{2+}和 Al^{3+}的复合沉淀剂提取茶多酚，可得到纯度大于 96%的淡黄色茶多酚晶体，提取率为 10.4%，较单一沉淀剂高约 1%。

胡玲玲等（2011）研究了沉淀法提取茶叶下脚料中茶多酚的工艺条件，结果表明，温度为 100℃，提取时间为 0.5h，沉淀离子为 Al^{3+}，pH 为 6.5 条件下，茶多酚的得率最高，为 9.28%，茶多酚含量为 96.44%。

付晓风（2012）研究了茶鲜叶中的茶多酚沉淀的工艺条件，具体为：采用质量比 1∶2 的 Al^{3+}∶Zn^{2+}作为金属沉淀离子，pH 为 5.8，沉淀温度为 22.4℃，茶多酚的得率高达 98.98%。

金属离子沉淀法制取茶多酚：在茶叶浸提液中加入沉淀剂即可得到茶多酚与金属的结晶性沉淀物，因而不必浓缩浸提液，可在一定程度上降低能耗；同时，该方法选择性强，产品纯度较高，无须使用大量的有机溶剂和氯仿等有毒物质，成本低。但是，该方法需在碱性条件下进行，再以酸转溶，大量酸碱溶液的利用，导致废液、废渣处理量大，对环境污染大；此外，茶多酚容易被氧化而损失较大。综合来看，虽然该方法生产的茶多酚产品中，咖啡因含量低，但因使用重金属盐作沉淀剂，产品中重金属离子残留多，而金属离子也有一定的毒性，限制了产品的应用。

3. 柱层析法

柱层析法的原理是利用茶叶中组分在两相之间的分配系数不同，而达到分离的目的。根据分离原理的不同，可分为吸附分离、凝胶分离和离子交换分离。常采用硅胶、氧化铝、活性炭、聚酰胺、凝胶、离子交换树脂和大孔吸附树脂等固态物质作为载体。该方法的一般工艺流程为：茶叶浸提→过滤→滤液超滤→滤液经柱层析→回收洗脱剂→干燥→茶多酚产品。该方法的关键是要选择一种价廉易得、对茶多酚具有较大的平衡吸附量和较高选择性的分离材料。采用柱层析法分离制备茶多酚，产品中儿茶素的含量和提取率均较高。

徐向群等（1995）进行了膜分离——吸附树脂法制取茶多酚的试验，通过对4种阴离子交换树脂和16种吸附树脂的研究，证实国产92-2与92-3树脂对茶多酚具有较强的吸附能力和良好的解吸性能。萧伟祥等（1999）利用大孔吸附树脂层析法从茶叶中制取茶多酚，研究了树脂层析法生产茶多酚的工艺及其参数，利用二氯甲烷洗脱咖啡因，80%乙醇溶液洗脱茶多酚，成功制取了低咖啡因的茶多酚制品。高彦华等（2006）研究了树脂法纯化茶多酚的工艺，纯度为35%，浓度为5mg/mL的茶多酚经H1020树脂吸附，吸附率达80.33%，依次用蒸馏水和10%的乙醇溶液洗脱除杂后，用80%乙醇洗脱，洗脱率达83.5%，洗脱液过滤后，经喷雾干燥得到纯度为98%以上的茶多酚产品。

目前聚酰胺在层析上也被广泛应用，且使用后经5%氢氧化钠洗涤即可再生利用。杨爱萍等（2002）采用聚酰胺柱层析对两种茶叶进行提取、分离，通过实验比较得出茶多酚的最佳提取分离工艺为：茶叶用70%乙醇70℃浸提，浸提液减压蒸馏回收乙醇，冷冻离心，取上清液过聚酰胺层析柱，用经氨水调pH为8.5的70%乙醇洗脱，洗脱液减压浓缩，低温冷冻干燥，得棕黄色固体，产品中茶多酚含量在98%以上。

郑琳（2011）研究了不同大孔树脂对茶多酚的纯化效果，对比了离子交换树脂、弱极性吸附树脂和极性吸附树脂三种，发现聚酰胺树脂的分离纯化效果最佳，洗脱时先采用1.25BV的25%乙醇洗脱，再用1.3BV的乙酸乙酯洗脱，儿茶素干粉的得率为10.21%，儿茶素总量为87.23%。

连志庆（2014）研究了不同大孔树脂对茶多酚的吸附能力，筛选出LX-17树脂吸附EGCG效果最好，并研究得到最佳吸附工艺，其中静态吸附45min，动态洗脱液为50%乙醇，洗脱流速2BV/h，洗脱体积4BV，可以获得含量为91.35%的茶多酚。

贺佳等（2012）研究了不同大孔树脂对茶多酚的吸附能力，筛选出LX-X5树脂吸附茶多酚的效果最好，提取液pH值为5～6时吸附量最高，可以达到102mg/g，洗脱液选择75%乙醇，解吸率超过90%。

王栋（2010）研究筛选出DM301树脂吸附解吸效果最好，优化工艺为上样速度1.5mL/min、供试液pH值为3.0、乙醇浓度80%，洗脱速度1.5mL/min时，茶多酚提取率为15.69%，纯度为94.78%。

综上所述，采用柱层析法分离制备茶多酚，工艺简单、能耗较低，有利于实现大规模生产，特别是以乙醇作为有机溶剂，具有无毒、易回收、残留低、对环境无污染等优点；缺点是生产周期相对较长。

2.1.2　茶多酚提取制备的新工艺技术

随着科学技术的发展，新技术也开始应用到茶多酚的提取制备中，有些方法仍处于实验室研究阶段，有些则已经在生产实践中得到应用。茶多酚提取制备方面的新技术，近年来较为突出的有超临界流体萃取法，以及浸提阶段应用的超声波和微波辅助提取等新方法。

1. 超临界流体萃取法

超临界流体萃取法是一种新型分离技术，在提取茶多酚方面非常有应用前景。该方法是用介于气体和液体之间的流体作溶剂，在略超过或靠近临界温度与压力的条件下进行萃取，压力与温度的细微变化都会引起流体密度的大幅度改变，流体也极易渗透到样品中，使萃取组分通过分配扩散作用而充分溶解，把某些天然产物组分提取出来，然后再降低载气的压力或升高载气的温度，使其溶解能力降低，目标提取物将被分离出来并与载气分离，从而达到提取分离的目的。

该方法制备茶多酚的工艺流程为：茶叶经超临界流体萃取→茶多酚粗品→纯化→高纯度的茶多酚产品。二氧化碳是最常用的超临界流体，具有萃取温度低、无毒无害、不污染环境等优点，并且在萃取中易消除。茶多酚在超临界流体萃取过程中不易氧化，产品纯度很高，其精品经简单精制即可达 95% 以上，适用于医药食品添加剂等产品的应用。

李文婷等（2011）研究了超临界二氧化碳萃取绿茶中的茶多酚，结果表明，在萃取压力 27MPa，萃取时间 50min，萃取温度 55℃，夹带剂 65% 乙醇的条件下，茶多酚的提取率为 64.82%。

该方法的优点在于萃取的速度快、效率高、工序简单、溶剂耗量少、无残留，热敏性的化合物在萃取过程中不会氧化、分解而变质。目前，该法用于提取茶多酚还有一定的技术障碍，主要是由于茶多酚在超临界二氧化碳中的溶解度较小，加入极性改性剂后的一次提取率仍很低，并且固定设备投入成本高。但由于其使用绿色溶剂，仍有很好的应用前景。

2. 超声波浸提法

近几年，超声波和微波等辅助技术也开始应用于茶多酚的提取上，尤其是结合溶剂法、沉淀法和树脂吸附法用于提取制备，取得了较好的成效，能大大缩短茶多酚浸提所需时间，提高浸提效果，避免茶多酚在长时间高温下氧化的可能，使收率和产品质量都有很大提高。

超声波浸提技术，是依靠超声波的机械粉碎和空化作用，利用液体空穴的形成、增大和闭合，产生极大的冲击波和剪切力，使细胞破碎释放出胞内物，具有时间短、温度低、提取率高等优点。目前超声波浸取多限于单频超声，而复频超声除基频外，还出现了倍频波、和频波及差频波，使产生的声场更加均匀。曹雁平等（2004）研究表明，用双频复合超声提取绿茶中的茶多酚，在浓度、提取率和提取速率方面都优于单频超声法。郑尚珍等（1996）研究了超声波提取茶多酚的工艺条件，用 pH 为 1～2 的 80%乙醇溶液，超声处理 40～60min，产品收率比常规溶剂提取法提高约 30%。

李甜等（2015）研究了超声波辅助提取黑毛茶中的茶多酚，结果表明，超声功率 70W，乙醇体积分数 70%，浸提温度 65℃，浸提时间 30min，料液比 1∶25，茶多酚的提取率为 7.44%。

邢子玉和高梦祥（2018）研究了超声波和机械化学法辅助提取茶叶加工下脚料中的茶多酚，结果表明，用碳酸钠和四硼酸钠作为碱助剂，与茶叶下脚料质量比为 8%进行超微粉碎，超声波功率为 50W，浸提温度 80℃，浸提时间 25min，料液比 1∶60，茶多酚提取率最高，并且高于热水浸提法、超声波辅助提取法和机械化学法辅助提取法。

Ayyildiza 等（2018）研究了超声波辅助提取茶多酚，结果表明，乙醇体积分数 67.81%，浸提温度 66.53℃，浸提时间 43.75min，EGCG 的提取率最高，比传统的热水浸提和微波辅助热水浸提的提取率提高了近 100%和 50%。

3. 微波法

该法的基本原理，是利用分子在微波场中发生高频的运动，扩散速率增大，从而将茶多酚等浸提物在微波的作用下快速浸取出来。汪兴平（2001）以水为介质，对绿茶微波处理 3min，浸提 2 次，茶多酚提取率达到 90.55%，其中儿茶素组成与沸水提取 0.5h 的结果相近。利用微波辅助浸提，可缩短浸提时间，提高提取效率，避免了茶多酚的氧化，有效地保护产品中的活性成分。

4. 酶解-微波法

舒红英等（2011）研究了纤维素酶、果胶酶形成的复合酶，结合微波提取茶末中的茶多酚，结果表明，50℃条件下用纤维素酶和果胶酶前处理 40min，微波辐射 8min，微波功率 500W，料液比 1∶30，25%乙醇溶液作为萃取剂，茶多酚的提取率为 18.4%，该方法用时少，提取效率高，提取率高于复合酶法、索氏提取法和微波法。

5. 脉冲电场法

Zderic 等（2017）研究了脉冲电场对茶多酚的提取效果，结果表明，脉冲电场比传统热水浸提和溶剂提取工艺更好，当脉冲场强 1.1kV/cm，脉冲数 50，茶多酚的提取率高达 32.5%，同时不破坏原料中有价值的其他成分。

6. 微滤法

张筱璐（2013）研究了微滤-超滤技术提取绿茶茶末中的茶多酚，结果表明，微滤法能有效去除茶汤中的果胶、蛋白质等大分子物质，减轻后续精制压力，大幅减少乙酸乙酯用量，优化后的参数为茶末粒度 30 目，浸提温度 90℃，时间 20min，料液比 25∶1，浸提三次；然后采用聚醚砜膜过滤，截留分子量为 50kDa，压力 0.4MPa，温度为 25℃；过滤后采用乙酸乙酯萃取，搅拌萃取 80min，真空浓缩，水反相萃取，冷冻干燥后得到茶多酚含量为 92.72%，其中 EGCG 含量最高，可达到 42.32%。

Mondal 和 De（2018）研究了中空纤维微滤技术提取茶多酚，结果表明，跨膜压力为 147kPa，雷诺数为 282，微滤得到的茶多酚含量为 80%，可获得 75%纯度的 EGCG。

7. 其他方法

为了提高茶多酚的提取率，也可以根据样品的情况联用几种提取方法。如汪兴平等（2002）等以水为介质，采用微波浸提联合溶剂浸提和 Al^{3+} 沉淀法，考察了料液比、浸提时间与温度、pH 值、沉淀剂用量、酸转溶条件及咖啡因萃取条件中各因素的影响，建立了从绿茶茶末中同时获得茶多酚、茶多糖、咖啡因 3 种产品的工艺，制备率分别为 11.8%、1.5%和 1.2%，效果明显优于单一溶剂法和沉淀法，制备的茶多酚产品主要含 EGC、EGCG、ECG 等 3 种儿茶素。

2.1.3　高纯度儿茶素及单体的制备方法

以上方法提取制备的茶多酚就儿茶素含量来说，还只是儿茶素的粗制品。若要得到高纯度儿茶素或其单体成分，需对粗产品进一步纯化，目前还是以色谱分离为主。其原理是利用儿茶素各单体之间的性质差异，选择不同的吸附、洗脱剂，使之得到分离。当前应用较多的分离制备方法是柱层析法、吸附树脂法、高效液相色谱法、高速逆流色谱法和超临界流体萃取法。

1. 柱层析法

柱层析法又称柱色谱法，该方法是将儿茶素粗品经一定的溶剂溶解后，上柱分离，用洗脱剂洗脱而收集儿茶素的各个组分。柱层析的关键是柱填料与洗脱剂的选择，选用合适的洗脱剂进行等度或梯度洗脱，并定性收集无交叉的流出组分，从而得到纯度较高的组分。国内外报道的柱填料主要有两大类：一类是分配层析的填料，如硅胶、纤维素等；另一类是凝胶层析的填料，如 Sephadex LH-20 等。

1）分配层析法

分配层析法是利用物质成分在两相中分配系数的不同而达到分离的目的，分离的难易主要取决于两者的分配系数差值大小，如果相差较大，用较小的柱和较少的填料用量即可实现满意的分离。Brafield 等（1947，1948）用硅胶反复上柱分离出 6 种儿茶素单体，流动相为含水乙醚、含水四氯化碳和乙酸乙酯，建立了儿茶素的系统分离方法。龚正礼等（1995）将茶多酚粗品经活性炭脱色纯化，再用硅胶吸附纯化，得到纯度为 94.51% 的儿茶素制品，回收率达 90.1%，其中没食子酸酯占儿茶素总量的 81.27%。张肃（2003）将茶多酚上硅胶柱后，用乙酸乙酯-甲苯进行梯度洗脱，对洗脱成分每隔 2h 取样一次，进行薄层色谱分离，氯化铁显色，定性收集无交叉成分的洗脱样品，进行准确减压蒸馏和干燥，分离得到 EGCG、ECG、EC 3 种儿茶素单体，质量分数分别为 98.7%、99.2%、98.6%，且其中 EGCG 占茶多酚质量分数的 51.6%。

Vuataz 等（1959）用纤维柱层析法对茶多酚进行了分离，得到 12 种单体化合物。将茶叶的乙酸乙酯粗提物 4g 用经水湿润的纤维粉拌匀后上纤维柱，依次用水饱和的丙酸乙酯与石油醚（体积比 9：1）、水饱和的丙酸乙酯、水饱和的乙酸乙酯、水饱和的丁醇、90% 的甲醇和水进行洗脱。结果表明，ECG 和 EGCG 主要被丙酸乙酯与石油醚洗脱，（+）-GC 和 EGC 主要被乙酸乙酯洗脱，最后分别在水、甲醇和二氯甲烷、乙酸乙酯和二氯甲烷中进行结晶，得到各儿茶素单体。

2）凝胶色谱法

凝胶色谱也称排阻层析色谱，主要依据分子筛作用实现混合物的分离。沈生荣等（2002）将绿茶提取物或儿茶素粗品先经乙酸乙酯、氯仿两种试剂多次富集和脱除咖啡因和色素，再经 Sephadex LH-20 柱层析纯化，得到 EGCG 单体，用电喷雾电离质谱法和高效液相色谱法等方法鉴定和验证了其化学结构，单体纯度大于 96.7%，得率为 23.86%，回收率为 71.25%。李兆基等（2001）研究表明，儿茶素粗品经过 1.5m 高度的葡聚糖凝胶柱，用含量为 10%～30% 的丙酮-乙醇二元混合溶剂洗脱，流速 5～30mL/h，分离得到 EGCG 和 ECG 儿茶素单体，纯度均在 90% 以上，最高可达 95%。戚向阳等（1994）选用 Sephadex LH-20 及丙酮洗脱剂分离儿茶素，但工艺时间长，拖尾现象严重，产品得率低。姜绍通等（2004）采用二次柱层析方法，以葡聚糖凝胶 Sephadex LH-20 为柱填料，首先以无水乙醇为洗脱剂，再以 40% 乙醇水溶液为洗脱剂，制备得到纯度≥98% 的 EGCG 和 ECG 单体。凝胶色谱法可以成功制备高纯度的儿茶素单体，但存在工艺时间长、制备量小、生产成本高等问题，难以应用于工业生产中。

2. 吸附树脂法

吸附树脂法是以离子交换树脂、大孔吸附树脂和聚酰胺等作为载体，利用其对不同成分的选择性吸附和筛选作用,通过选用适宜的吸附和解吸条件借以分离、提纯某一或某一类有机化合物的技术。吸附树脂法提取纯化儿茶素的研究较多,张盛等(2002)选用 12 种大孔吸附树脂为吸附剂进行了制备高纯儿茶素的研究,结果表明,以 AB-8 大孔吸附树脂为柱填料,收集过柱溶液一定区段内的馏分,可得到含量高达 95%的儿茶素产品,其中 EGCG 含量大于 55%。另外,张盛等(2003)还探索了高 ECG 型儿茶素产品的工艺制备,用 AB-8 树脂吸附大叶种茶叶提取的儿茶素,经乙醇解吸,后续工序配套采用溶剂萃取,可同时制备得 ECG 含量高达 67.22%的儿茶素产品与含量为 88.13%的咖啡因产品。姜绍通等(2006)研究了 7 种树脂对 EGCG 和 ECG 的吸附和解吸性能,筛选出 AB-8 树脂作为吸附剂,制品中 EGCG 含量为 80%。龚雨顺等(2005)研究了利用大孔吸附树脂柱色谱分离制备儿茶素和咖啡因的可行性。结果表明,大孔吸附树脂对儿茶素和咖啡因的吸附和解吸性能良好,通过梯度洗脱,可对儿茶素和咖啡因进行分离,并能制得不同规格的儿茶素产品,其中高 EGCG 含量(66.95%)的儿茶素产品 GTC-90 得率达 46.47%,咖啡因低于 0.5%。

聚酰胺是通过酰胺基聚合而成的一类高分子化合物,分子中含有丰富的酰胺基团,可与酚类、醌类、硝基化合物等形成氢键而被吸附,与不能形成氢键的化合物分离,在柱层析分离上有广泛的应用。王传金等(2007)采用绿茶的乙醇浸提液经浓缩、脱色和萃取,得茶多酚粗品,用聚酰胺层析柱分离提纯得(−)-EGCG 单体。结果表明,当所用的聚酰胺的粒度为 0.170~0.210mm,上样量与聚酰胺质量比为 1:50 时,(−)-EGCG 提取率达 50%。通过对醇提、脱色和分离工艺的优化,1g 绿茶可提取出 0.04g 纯度大于 99.0%的(−)-EGCG 单体[46]。唐课文等(2002)用氯化锌作沉淀剂,当溶液 pH 值为 5.6~6.5 时,将茶叶浸提液中的儿茶素以金属盐的形式沉淀,沉淀物经洗涤后,用质量分数为 40%的硫酸溶解,然后将溶液直接加入聚酰胺树脂柱,先用蒸馏水将 Zn^{2+}、Na^+等无机离子除去,再用乙醇洗脱,洗脱液经浓缩干燥后得到纯度高于 99%的高纯酯型儿茶素,提取率达 10.2%,其中 EGCG 含量为 64%。

吸附树脂法具有设备与工艺过程简单、节约能源、无环境污染、树脂容易再生、可反复使用等优点。因此,吸附树脂法制备儿茶素具有良好的前景,可工业化、规模化提取纯化儿茶素。

3. 高效液相色谱法(HPLC)

HPLC 主要用于分离纯化儿茶素的单体组分。该方法工艺为:以绿茶提取物(茶多酚)为原料,经柱色谱除去杂质,并将儿茶素中几种单体预分离为几个组分后,再用制备型 HPLC 分离其中含有的单体。分离效率和产品纯度高,分离周期短。

　　由于茶多酚原料成分复杂，直接进色谱柱对填料的污染很大，降低填料的分离能力，所以对原料进行预处理除去部分杂质，使目标物富集是很有必要的。儿茶素预处理的柱前富集方法主要有：溶剂萃取、聚酰胺柱层析、Sephadex LH-20柱层析等方法。王霞等（2005）比较了三种预处理方式，以有机溶剂萃取效果较好，同时比较了乙酸乙酯、石油醚、二氯甲烷、三氯甲烷、苯、甲苯等有机溶剂，结果表明，乙酸乙酯的萃取效果是最好的。

　　戚向阳等（1994）以绿茶为原料，经乙醇浸提、浓缩、脱色和萃取，得到茶多酚粗品，上葡聚糖凝胶 LH-20 色谱柱，用 40%丙酮水溶液作为洗脱剂洗脱，使茶多酚粗品预分离为 3 个组分。其中一个为单一组分，经鉴定为 EGCG。还有一个组分为酯型儿茶素混合物，将其用制备型 HPLC 分离纯化，结果该组分得到很好的分离，经鉴定，分别为 EGCG 和 ECG。王洪新等（2001）以茶提取物为原料，先经 Sephadex LH-20 柱色谱，用丙酮-水梯度洗脱，收集 4 个馏分，其中馏分Ⅲ包含：EGCG、ECG、没食子儿茶素没食子酸酯（GCG）。再用半制备型 HPLC 分离纯化，得到 7 种儿茶素单体化合物，且质量分数均在 99%以上，总产率为 66.7%，总收率为 82.1%。钟世安等（2003）以粗儿茶素粉末为原料，采用反相高效液相色谱技术，收集相应的馏分，再经 P-1 大孔树脂，旋转蒸发浓缩洗脱液，冷冻干燥后，得到 EGCG、GCG、ECG 3 种酯型儿茶素单体，纯度分别为 99.2%、99.4%、99.5%。

　　龚智宏等（2017）研究了半制备液相色谱分离纯化茶鲜叶中 7 种儿茶素，选用铁观音茶鲜叶，经甲醇超声浸提，浓缩，氯仿萃取后向水相中加入碱式乙酸铅沉淀，得到茶多酚粗品，然后采用半制备液相色谱，以甲醇-水和乙腈-水为流动相，能纯化得到 7 种儿茶素单体，包括纯度为 96.0%的 GC、95.7%的 EGC、99.3%的儿茶素（C）、99.0%的 EGCG、99.8%的 EC、93.5%的 EGCG3″Me 和 99.5%的 ECG。

　　HPLC 制备儿茶素分离效率高、条件易控制、单体纯度高，在保持儿茶素原药效性能的前提下，产品稳定性大大增强，且不易缩聚、不易氧化，但设备投资大、制备量小、生产成本高、难以工业化推广。

4. 高速逆流色谱法

　　高速逆流色谱法（high speed countercurrent chromatography，HSCCC）是一种较新型的液-液分配技术，于 1982 年由 Ito 首创，并在 1994 年将其改进后，进样量增大，能够分离克级的样品。它是一种不用任何固态支撑体或载体的液-液分配层析法，能够完全排除固态载体导致的不可逆吸附和对样品的沾污、失活、变性等影响，能实现对复杂混合物中各组分的高纯度制备分离。其特点是高速运转产生的重力使固定相能在分离柱中实现高的保留，从而大大提高了分离能力，溶剂系统中各溶剂在分液漏斗中混合后，上层为固定相，灌入色谱分离柱；下层为流动相，将茶多酚粗品溶解成 5%～10%的溶液。当流动相流经色谱柱时，儿茶素各组分得到分离。此方法是在两相间进行，克服了使用固体吸附材料造成的样品不可逆吸附或降解的缺点。

中国农业科学院茶叶研究所在国内最早利用逆流色谱技术分离出儿茶素单体。1995 年利用该技术成功地分离了 6 种儿茶素单体，一次性进样 3g 茶多酚粗提物，得到儿茶素单体粗制品 2090mg，再经重结晶得到 1079mg 精品，其中 EGCG 475mg、GCG 343mg、ECG 127mg、EGC 152mg，纯度均大于 95%。如果选取合适的茶多酚原料（EGCG 含量为 60%），一次性分离可得到 2g 左右的 EGCG 粗品，经结晶后可得到纯度达 95% 以上的 EGCG。张莹等（2003）对制备型逆流色谱分离绿茶提取物中多种儿茶素单体的技术进行了研究，采用两组溶剂系统：一组是石油醚-乙酸乙酯-水（0.2∶1∶2），另一组是正丁醇-乙酸乙酯-水（0.2∶1∶2）系统。每次进样量为 4g 绿茶提取物，使用前一组溶剂系统，EC、EGCG、GCG 和 ECG 得到了很好的分离，单体的纯度达 98%，其中 EGCG 达到 99%；使用后一组溶剂系统，EGC、C 得到了分离，纯度达 92%。曹学丽等（2000）研究高速逆流色谱分离制备高纯度单体儿茶素的工艺，优选了溶剂体系及其相应的工艺条件，制得高纯度单体儿茶素 EGCG、ECG、GCG，纯度高达 98%。陈理等（2006）应用高速逆流色谱法对同分异构体儿茶素的分离的研究表明，以正己烷-乙酸乙酯-水（体积比为 1∶10∶10）为两相溶剂系统，上相为固定相，下相为流动相，进行二次高速逆流色谱分离，可从茶多酚中分离出克级的儿茶素同分异构体（−）-EGCG 和（−）-GCG，其纯度均在 98% 以上。

高速逆流色谱法可以实现儿茶素单体的分离，但生产成本高，一次性设备投入高，制备量小，难以实现工业化、规模化生产。

5. 超临界流体萃取法

超临界流体萃取技术是近 20 年才发展起来的新型分离技术，主要是利用超临界流体的非气态也非液态的性质，使混合物中不同性质的组分得以分离。超临界流体萃取技术在茶叶上的研究与应用主要集中在脱除茶叶中的咖啡因，提取芳香物质、色素。宓晓黎等（1997）以茶叶为原料，以甲醇为改性剂在二氧化碳的超临界压力和温度条件下进行萃取，分别考察对改性剂、超临界流体性质、静态萃取时间和动态萃取流体二氧化碳的量对萃取率的影响，确定了最佳萃取条件，EGCG 可以完全被萃取，儿茶素萃取率达到 4%，对将超临界流体萃取法应用于制备 EGCG 的工业化做了有益的探索。杨焱和宓晓黎（1997）报道了采用超临界二氧化碳萃取，可使茶多酚的有效成分含量提高到 90%，并尝试用该法纯化分离儿茶素，期望得到更纯的儿茶素组分。但用超临界二氧化碳萃取存在儿茶素含量不高的问题，主要原因是二氧化碳是非极性分子，而儿茶素类都是极性分子。

2.1.4　茶多酚提取制备工艺的选择

　　根据茶多酚的结构特性、溶解度及络合性能等理化性质，可采用溶剂萃取法、沉淀法、柱层析法等多种方法提取制备茶多酚。在选择方法时，应根据实际情况和各种方法的特点进行选择，同时也可以几种方法联用，还可以采用多产品的复合工艺，在提取茶多酚的同时，进行咖啡因、茶多糖、茶色素等有效成分的提取，实现茶叶的综合利用。我国的茶叶资源十分丰富，茶叶生产过程中产生的大量修剪叶和滞销的粗老茶，如果利用起来，进行茶多酚的提取，将较大地提高茶叶生产的经济价值。

　　目前高纯度儿茶素或单体的提纯制备，主要是采用色谱法或色谱联用的方法。其中 HPLC 操作简便易行、分离效果好，如果选择合适的柱操作条件，儿茶素粗品可以不经过预处理就能得到较好的分离。但该法成本较高，且分离量最小，难以大量制备儿茶素纯品。高效逆流色谱法尽管较 HPLC 增大了制备量，但仍难满足大量制备儿茶素单体及工业化生产的要求。柱层析法分离制备儿茶素尽管操作比较烦琐，但处理样品量大，尤其以大孔树脂作吸附剂，可以反复再生，重复利用，大大降低成本，将是工业化生产儿茶素的良好选择。但是，如何选用合适的柱填料，优化柱操作条件，提高柱分离的效率，仍将是一个需要继续试验与探索的问题。另外，也有人将超临界流体萃取法这种比较新兴的分离技术，用于制备儿茶素（EGCG）。该方法无污染、分离量大、利于工业化。但是由于茶多酚在超临界二氧化碳中溶解度较低，分离的产率很低。如何选取、优化萃取条件，提高超临界流体萃取法制备 EGCG 的产率以及如何控制操作压力的稳定性，将是EGCG 制备工业化进程中需要深入探讨的问题。

　　以上分离制备高纯度儿茶素及单体的方法，吸附树脂法有良好的前景，它具有生产成本低、工艺简单、设备投资小、树脂再生容易、可反复使用等优点，有望实现工业化、规模化生产高纯度儿茶素及其单体。

2.2　茶氨酸的提取制备工艺

　　随着茶氨酸对人体生理功能、保健作用和医药功效等的深入研究，茶氨酸的应用价值已经引起国内外的广泛关注。近年来对茶氨酸的开发利用，得到了茶学、食品、精细化工及制药等领域众多研究者的关注，对茶氨酸的提取制备也进行了大量的研究。目前，茶氨酸的主要制备方法有：从茶叶中直接提取分离法、化学合成法、微生物发酵法和植物细胞培养法。

2.2.1　直接提取分离法

茶叶中茶氨酸的含量一般为 1%～2%。从茶叶中直接提取、分离纯化茶氨酸，是最直接、有效、安全的生产途径。茶氨酸易溶于水，在高温、酸、碱和长时间提取的条件下稳定性较强，因此适合采用天然产物工程和精细化工手段浸提和制备。此外，通过直接从茶叶中提取，更能保证茶氨酸原有的天然化学性质和功能属性。目前存在的提取方法有沉淀法、离子交换树脂法和膜分离法。

（1）沉淀法。利用茶氨酸易溶于水的特性，先用热水浸提，向浸提液加入乙酸铅沉淀去除茶汤中的蛋白质、多酚类物质和部分色素，然后采用硫化氢除过剩的铅，用氯仿萃取去除咖啡因，向所得到的茶汤加入碱式碳酸铜形成茶氨酸的铜盐，过滤去除其他的成分。茶氨酸铜盐（即滤渣）经稀硫酸溶解、加入硫化氢和适量的氢氧化钡抽滤去除滤渣，滤液经浓缩、精制后得到天然茶氨酸纯品。但是此法得率较低，会引入杂质重金属 Pb^{2+}、Cu^{2+}，而且工序复杂烦琐；此外，茶氨酸铜盐在稀硫酸中溶解度不大，加入大量的稀硫酸，形成大量硫酸钡沉淀，造成了茶氨酸的损失。

改进方法：茶叶经索氏萃取去除茶叶色素之后，茶渣再用热水浸提，浸提液通过加氯仿萃取，去除咖啡因，然后茶汤经过碱式碳酸铜沉淀茶氨酸得到茶氨酸铜盐，过滤得到滤渣，加稀硫酸转溶，之后加入适量的氢氧化钡去除硫酸根离子，过滤，滤液经浓缩、精制后得到天然茶氨酸纯品。工艺路线见图 2-1。

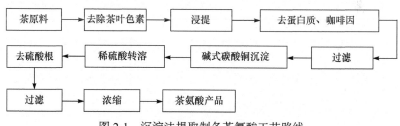

图 2-1　沉淀法提取制备茶氨酸工艺路线

（2）离子交换树脂法。茶氨酸由于含有氨基和羧基，故采用离子交换树脂可以实现分离纯化。考虑到茶氨酸是一种弱碱性的氨基酸，因此采用阳离子交换树脂来分离纯化茶氨酸有比较好的效果。此方法的操作过程为：将茶样或茶多酚等工业废液，经絮凝沉淀，去除蛋白质和部分茶色素，经过吸附进一步去除茶色素、多酚类物质等大分子有机物，然后滤液经过离子交换树脂，得到粗品茶氨酸，粗品再经无水乙醇重结晶，可以得到纯度达 90%以上的茶氨酸产品。工艺路线见图 2-2。

林智等（2004）研究了从茶多酚工业废液中提取茶氨酸的工艺，具体操作如下：将茶多酚工业废液，以壳聚糖作为絮凝剂沉淀并过滤，滤液再经大孔吸附树

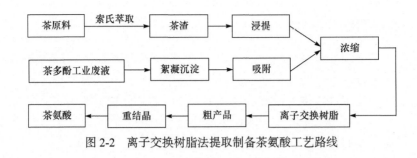

图 2-2 离子交换树脂法提取制备茶氨酸工艺路线

脂去除残留的可溶性多糖、蛋白质、茶色素等杂质，所得到的茶氨酸样品液经浓缩后再用阳离子交换树脂 732 进行纯化，可得到纯度为 50%的茶氨酸粗品，得率为 1.8%;茶氨酸粗品经无水乙醇重结晶之后得到纯度 90%的茶氨酸,得率为 0.8%。张星海等（2006）以茶多酚工业废液为原料，采用 ZTC+1 型天然澄清剂对茶多酚生产废液进行絮凝处理，再用弱极性的大孔吸附树脂 JAD-IOOO 进行纯化，可得到 50%以上的茶氨酸产品，茶氨酸回收率达到 98%以上。朱松、王洪新等（2007）也以茶多酚工业废液为原料，通过超滤、脱色等预处理，得到的茶氨酸样品液经浓缩后，用阳离子交换树脂 001×7 进行纯化，得到的茶氨酸产品含量为 58%，回收率达 82%。

（3）膜分离法。膜分离技术是近年来兴起的一项绿色和节能技术。膜分离法富集茶氨酸的原理就是利用膜的孔径大小来实现茶氨酸与杂质的分离，从而达到茶氨酸的富集和初步纯化的效果。工艺路线见图 2-3。萧力争等（2006）利用茶叶深加工提取儿茶素的废料，采用孔径为 3500Da 的膜来富集纯化茶氨酸，富集液经过反渗透浓缩后干燥，得到纯度为 8.53%的茶氨酸产品，得率为 54.05%。

图 2-3 膜分离法提取制备茶氨酸工艺路线

2.2.2 化学合成法

自日本佐佐冈启等用同位素法研究发现茶氨酸的合成前体为 L-谷氨酸和乙胺之后，采用化学合成法来制备茶氨酸的研究一直持续不断地进行着。茶氨酸化学合成的一般原理，就是用 L-谷氨酸供体（主要是酯型 L-谷氨酸供体或乙酰化的 L-谷氨酸供体），与乙胺或乙胺供体混合，通过控制反应条件来实现 L-谷氨酸与乙胺基结合形成茶氨酸。

（1）以焦谷氨酸途径合成茶氨酸。1942 年，以色列人 Lichtenstein 首次利用乙胺和吡咯烷酮酸（焦谷氨酸）在金属催化剂的作用下反应得到了茶氨酸，同时也开创了化学方法合成茶氨酸的研究。Kobayashi 等（1997）对工艺进行了改进，先使 L-吡咯烷酮酸形成铜盐，再与纯乙胺反应液反应合成茶氨酸，这样达到提高茶氨酸合成反应的得率的目的，但是反应周期比较长，需要 7～10 天才能完成一个合成周期。李炎等（2003）将 L-吡咯烷酮酸与无水乙胺直接在惰性气体环境下，在压力为 6.0～12.0MPa，温度为 60～100℃下反应合成茶氨酸。郑国斌等（2005）在李炎的方法的基础上进行了改进，茶氨酸的得率达到 20%以上。

（2）通过 N-取代的谷氨酸-γ-酯途径合成茶氨酸。即先将谷氨酸-γ-羧基酯化，选择不同的保护基来保护α-氨基，用乙胺氨基置换乙氧基，之后加乙酸去除保护基就可以得到茶氨酸。1964 年 Furuyama 等用二硫化碳，1993 年 Hirokazu 等用氯化三苯甲烷，2001 年 Setsuko 等用苄氧甲酰基来保护谷氨酸的α-氨基分别合成茶氨酸。

（3）通过 N-取代谷氨酸酸酐法途径合成茶氨酸。该方法先用保护基将谷氨酸的α-氨基保护起来，之后使其分子内脱水形成谷氨酸酐后，直接与乙胺作用生成 N-取代茶氨酸，然后再去除保护基得到茶氨酸。焦庆才（2004）以 L-谷氨酸为原料，采用邻苯二酰基作为保护基，乙酸酐回流 10min，使其分子内脱水生成邻苯二甲酰-L-谷氨酸酐，再在常温、常压下，于 2mol/L 乙胺水溶液中反应，得到中间产物邻苯二甲酰-L-谷氨酸，再在室温下与 0.5mol/L 水合肼反应 48h 脱除保护基，可得到 L-茶氨酸，得率为 61%。

（4）谷氨酸-乙胺合成法。将谷氨酸在高温下脱水转化为环状内酰结构，然后控制一定条件，使乙胺与转化成环状结构的谷氨酸结合形成茶氨酸。流程如下：

（5）γ-苄基谷氨酸盐-氯化三苯甲烷合成法。γ-苄基谷氨酸盐用吡啶溶解后，与氯化三苯甲烷反应，该反应混合物再与乙胺、乙酸反应，在一定条件下减压干燥后，用热乙醇及乙醇-水溶液依次进行重结晶，即可得白色晶体茶氨酸，其合成途径如下：

γ-苄基谷氨酸盐(吡啶溶解)+氯化三苯甲烷　$\xrightarrow[\text{搅拌72h}]{\text{室温}}$　反应混合物

$\xrightarrow[\text{搅拌48h}]{\text{70%乙胺，室温}}$　反应混合物(浓缩，减压干燥)　$\xrightarrow[\text{100℃，5min}]{\text{50%乙酸}}$

反应物过滤、浓缩、干燥　$\xrightarrow{\text{热乙醇}}$　结晶

化学合成法，尽管具有成本低，适合于工业化的优点，但生成的物质中包括 D 构型和 L 构型的茶氨酸，需要进行拆分才能得到 L-茶氨酸，且可能会残留毒性物质。

2.2.3 微生物发酵法

微生物发酵法，即利用微生物中的谷氨酰胺合成酶，模拟茶树体内环境，在腺苷三磷酸（ATP）提供能量的条件下，将谷氨酸和乙胺催化合成茶氨酸。该方法的优点在于，不需要对α-氨基进行乙胺基化，而且作用的副产物少，便于分离纯化。

随着生物技术的发展和应用，利用微生物发酵来生产酶，进而利用酶的提取物来进行目的产物的生产越来越广泛。与化学合成法相比，微生物发酵法生产茶氨酸具有完全不同的特色。微生物发酵合成茶氨酸的反应，实际上是运用微生物中的谷氨酰胺酶在特殊的条件下（高乙胺浓度和特定的 pH 值）进行的非特异反应。

Abelian（1993）报道了日本应用于实际生产的酶促合成茶氨酸的反应，其应用于生产合成茶氨酸的酶不是从茶树中提取的茶氨酸合成酶，而是细菌中的谷氨酰胺合成酶提取物，这是因为茶树中提取的茶氨酸合成酶容易失活。1998 年，日本太阳株式会社从一种硝基还原假单胞细菌（*Pseudomonas nitroreducens*）获得谷氨酰胺合成酶，利用该酶提取物在特殊条件下（高乙胺浓度和特定的 pH 值）进行非特异反应生成茶氨酸。具体方法是：先将一种硝基还原假单胞细菌 IFO12694培养物悬浮在 0.9%氯化钠溶液中，然后与 4.5% κ-角叉菜胶混合，使细菌固定化。以乙胺和谷氨酰胺为底物，在硼酸缓冲液（pH 9.5）中，30℃恒温培养。粗产物用离子交换柱层析就可分离出茶氨酸。Suzuki 等（2002）从大肠杆菌（K-12）中提取γ-谷氨酰胺转肽酶来催化谷氨酸和乙胺形成茶氨酸，将 200mmol/L 谷氨酰胺和 1.5mol/L 乙胺在 pH 为 10、温度为 37℃的条件下，保持 5h，获得 120mmol/L茶氨酸，转化率为 60%。与采用提取的酶催化生产茶氨酸的技术相比，应用固定化细胞技术，可进行连续多批次的茶氨酸转化生产，有利于降低生产成本，便于大规模工业化生产。

2.2.4 植物细胞培养法

植物细胞培养法，是通过对茶树细胞的离体培养，或茶树愈伤组织细胞的培养，利用细胞中的茶氨酸合成酶来合成茶氨酸的一种方法。Orihara 和 Furuya（1990）用 B2K 琼脂茶树细胞培养基来培养茶树离体细胞，通过在培养基中加入L-谷氨酸盐、乙胺和激素，在 25℃的黑暗环境中振荡培养 4～5 周，即可获得茶氨酸。成浩和高秀清（2004）通过茶树细胞悬浮培养生物合成法来制备茶氨酸，研究表明，在细胞培养第 10 天时，茶氨酸的积累量最高，其最终产率达到细胞干重的 20%。采用茶树愈伤组织培养来合成茶氨酸的研究也很多。1992 年，日本学者 Matsuura 和日本三菱重工业公司 Sasaki 开展茶树茎尖等外植体愈伤组织的培养,并用于茶氨酸的合成富集,结果表明,在添加 60mmol/L 的硝酸盐和 25mmol/L 的乙胺条件下,茶氨酸的含量可达干重的 22.3%,其中 Mg^{2+} 和 K^+ 对茶氨酸的生成量影响较大。龙原孝宣研究得出,在黑暗条件下有利于茶氨酸的合成富集。陈瑛和钟俊辉(1998)通过优化实验条件,得到茶氨酸的含量达到干重的 23.3%。吕虎等(2007)以正交实验设计对茶树愈伤组织细胞悬浮培养合成茶氨酸的工艺条件进行了优化研究,在 $NH_4^+:NO_3^-$ 为 1:6,K^+ 浓度为 100mmol/L,Mg^{2+} 浓度为 3.0mmol/L,$H_2PO_4^-$ 浓度为 3.0mmol/L,蔗糖浓度为 30.0g/L,水解酪蛋白浓度为 2.0g/L 的条件下,茶树愈伤组织细胞生长量和茶氨酸含量最高。

2.3　茶黄素的生产工艺

2.3.1　茶黄素的提取制备技术

根据茶黄素(TF)的理化性质和组成,茶黄素提取制备技术主要包括溶剂浸提法、体外氧化制备法以及柱层析法。

1. 溶剂浸提法

溶剂浸提法主要是根据茶黄素易溶于水、甲醇、乙醇、丙酮、正丁醇和乙酸乙酯等溶剂,难溶于乙醚,不溶于三氯甲烷和苯的化学特性,利用茶黄素和红茶中其他成分在不同溶剂中溶解度的差异进行分离。

常用的溶剂浸提法有 Collier 法和 Ullah 法两种。Collier 法提取制备茶黄素的方法为:将红茶在 80℃水溶液中浸提 5min,浸提液过滤、浓缩、冷冻干燥,干燥物用甲醇和水(体积比 3:1)溶解,再用三氯甲烷萃取,除去咖啡因等杂质,水相减压浓缩,除去甲醇和三氯甲烷,用乙酸乙酯反复萃取 5 次,萃取液用硫酸镁脱水,30℃下蒸馏至干,得到茶黄素粗提物,该方法工艺技术比较简单,但是有机溶剂用量多。Ullah 法提取制备茶黄素的方法为:红茶用 80℃水溶液浸提 5min,过滤,滤液经减压浓缩,再经三氯甲烷萃取,除去咖啡因等杂质,然后用磷酸二氢钠和乙酸乙酯混合萃取 3 次,用适量的磷酸二氢钠与乙酸乙酯混合萃取,茶红素(TR)能全部被固定在水相中,而茶黄素被固定在有机相中,乙酸乙酯层经减压浓缩干燥,得茶黄素粗提物。该方法简单,只需一次萃取,但仍然存在使用有机溶剂较多的问题。

朱兴一等(2012)研究了闪式提取技术在茶黄素制备中的应用,以茶黄素得率为指标,在单因素实验基础上,选取乙醇浓度、提取时间、料液比、提取次数为影响因素,利用正交试验对提取工艺进行优化。结果表明,闪式提取茶黄素的最佳工艺条件为：乙醇浓度 60%，提取时间 80s，料液比 1∶20，提取次数 2 次。在此条件下，茶黄素得率为（4.98±0.05）mg/g。与传统加热回流法相比，闪式提取法得率提高 7.56%，乙醇用量减少 31.43%，提取时间大大缩短。闪式提取是一种快速有效提取红茶中茶黄素的方法。

采用溶剂浸提法从红茶中提取制备茶黄素的得率和纯度都非常低，目前，工业化提取制备茶黄素，一般不使用溶剂浸提法，一方面是因为溶剂浸提法仅能得到茶黄素粗提物，且存在处理步骤烦琐、有机溶剂用量大、能耗较大、成本较高以及有毒性等问题；其实，更重要的一方面是因为红茶中茶黄素含量极低，仅为 0.3%～2.0%，直接从红茶中提取制备茶黄素，非常不经济。

2. 体外氧化制备法

红茶发酵理论表明，茶叶中的儿茶素类物质在发酵过程中按照"儿茶素→醌类→茶黄素→茶红素→茶褐素"反应顺序进行，这一理论被后来的儿茶素体外模拟氧化实验所证实，并由此揭开了儿茶素体外氧化制备茶黄素的开端。

儿茶素体外氧化制备茶黄素，按催化剂的不同可分为酶促氧化制备法和化学氧化制备法两种。许多学者都对儿茶素体外模拟酶促氧化和化学氧化制备茶黄素的工艺技术进行了研究，取得了较好的结果。酶促氧化制备法和化学氧化制备法在反应机理上存在一定差异，氧化制备途径、氧化产物组成及儿茶素残留等方面也有所不同，但都可以得到与红茶中相同的茶黄素类物质，而且通过选择反应原料、催化剂、温度、时间等制备工艺技术参数，可以有目的地制备需要的茶黄素类物质，可以高效、便捷地应用于工业化制备，因此体外氧化制备法被广泛地应用于茶黄素的制备，是目前工艺比较成熟的制备方法。

1）酶促氧化制备法

酶促氧化制备茶黄素，主要是利用茶叶本身的多酚氧化酶（PPO）的氧化特性来有目的地生产茶黄素，其机理是多酚氧化酶对儿茶素进行氧化，导致醌类的形成，再经非酶性次级氧化变化，从而生成茶黄素和茶红素等色素物质。酶促氧化制备法的研究较早、方法新颖且成果显著，常采用的方法有茶鲜叶匀浆悬浮发酵法、双液相酶促氧化制备法和固定化酶制备法等。

茶鲜叶匀浆悬浮发酵法的工艺流程为：茶鲜叶→破碎→发酵→过滤→浓缩→乙酸乙酯萃取→回收溶剂→干燥→茶黄素。茶鲜叶匀浆悬浮发酵的核心工艺为液态发酵，基质是多酚类物质，多酚氧化酶是重要氧化酶类，多酚类物质经酶促氧化形成茶黄素和茶红素。由于酶促氧化需要足量氧气参与反应，供氧能力便成为悬浮发酵的限制因子，供氧限制主要发生在发酵早期，虽可采取提高供氧水平或降低悬浮液浓度加以克服，但从工业生产角度出发，两种方法均意味着生产成本的提高和设备消耗的增加，为了降低成本、提高茶黄素含量，采取分批补料发酵方式则更为经济实用。夏涛等（2000）进行茶鲜叶匀浆悬浮发酵最佳工艺的研究表明，温度 28.5～29.2℃、pH 值 4.6～4.8、供氧 13.0～15.0mL/min，发酵时间 55.5～59.9min，有利于茶黄素的形成。

　　由于茶鲜叶匀浆悬浮发酵法制备茶黄素一般在水相中进行，但水中的溶氧量较少，只有 1.2～5.2mg/L，而供氧能力是茶鲜叶发酵的限制因子，因此常采用双液相酶促氧化制备法，通过在单液相（水相）中加入某些有助于增大溶氧水平的有机溶剂（酯相）构成双液相体系，提高供氧能力，从而提高茶黄素的形成效率。萧伟祥等（2001）研究了双液相酶促氧化制备茶黄素。结果表明，在茶多酚酶促氧化条件下，双液相中溶氧量比单液相增大 2.2 倍，多酚氧化酶的稳定性也增强，活性提高了 209%，利用双液相酶促氧化制备法制备的茶黄素，其含量可达到45.0%以上。

　　前面所述两种酶促氧化法，虽然都可以得到茶黄素产品，但是存在一个关键性的问题，即酶促氧化制备法中的关键因素——多酚氧化酶容易失活且不易重复利用。固定化酶制备法可以较好地解决这个问题，它是用适当的物理方法和化学方法把酶液中的酶固定于某一载体上，使酶活性的损失降低到最低程度，既较好地保持了酶本身的专一催化特性，又能在连续反应之后回收和重复使用。固定化酶制备法从 1916 年 Nelson 和 Griffin 发现到现在已有 100 多年的历史，固定化方法和技术已经比较成熟，并不断得到完善与发展。目前已研制成功的固定化酶有上百种，按制作方法可分为：①载体结合法；②交联法；③包埋法。由于化学工业中不断有新的载体、交联剂和包埋剂的发现，因此酶的固定化技术也在不断完善。

　　将多酚氧化酶的固定化技术应用于茶黄素制备，目前已经取得了较大的进展。李荣林和方辉遂（1998）曾对海藻酸钠包埋、戊二醛交联多酚氧化酶的化学性质进行了研究，确定了多酚氧化酶经包埋后的贮存稳定性增加，最适 pH 值移至 7.0，最适温度上升至 40℃，其对金属离子（铝离子、铜离子）的适应性也明显增强，对抑制剂的敏感性下降。屠幼英等（2004）应用固定化多酚氧化酶法催化高纯度茶多酚生产茶黄素，其研究表明，固定化多酚氧化酶法制备茶黄素的较优条件为：时间 49min、酶与底物之比为 1∶128.7、通气量 23.81L/min、底物浓度 5.95mg/mL和 pH 值 4.3，在该反应条件下，可使高纯度的茶多酚氧化聚合生成高纯度的茶黄素，最终可得到含量 75.0%以上的茶黄素产品。由此看来，将多酚氧化酶定向固定，其酶活力和茶黄素的含量都有所提高。

　　Lei 等研究了固定化梨多酚氧化酶催化合成茶黄素-3, 3′-没食子酸酯的效果，采用 70%饱和硫酸铵沉淀、DEAE-琼脂糖快速流动柱层析等方法，对黄冠梨的多酚氧化酶进行了 24.36 倍的比活性纯化，回收率为 6.77%。通过戊二醛偶联反应将纯化的梨多酚氧化酶固定在 Fe_3O_4/壳聚糖纳米颗粒上，得到分子质量为 35kDa 的相同亚基的二聚体。最后,以 ECG 和 EGCG 为底物,以固定化多酚氧化酶为生物催化剂,有效地合成了 TF3,TF3 的最大收率为 42.23%。连续使用 8 个循环后,固定化酶仍保持其初始能力的 85%,并且可以贮存 30 天,活性损失较小。

茶树叶片中的多酚氧化酶,存在多种同工酶,其组分在催化合成茶黄素方面具有不同的作用效果。Teng 等从茶树叶片中分离纯化了两种多酚氧化酶,PPO1 和 PPO2 分子质量分别为 85kDa 和 42kDa。通过测定多酚氧化酶在不同温度和 pH 值条件下的活性,确定其热稳定性以及最佳温度和 pH 值,并将 PPO1 和 PPO2 与儿茶酚、EGC、EGCG、酪氨酸、愈创木酚和焦性没食子酸反应。结果表明,PPO1 活性仅导致简单茶黄素的合成,而 PPO2 能够合成四种茶黄素,特别是茶黄素-3,3′-没食子酸酯,PPO2 对愈创木酚没有活性。

Yabuki 等将蘑菇酪氨酸酶用于茶黄素的合成,当酪氨酸酶与邻苯三酚型/邻苯二酚型儿茶素反应时,形成茶黄素(茶黄素、茶黄素-3-没食子酸酯、茶黄素-3′-没食子酸酯、茶黄素-3,3′-双没食子酸酯)的最高产率可以达到 80% 以上。

不同来源多酚氧化酶催化茶多酚所得茶黄素的含量和组成均有明显不同,研究表明,苹果、蔬菜等外来多酚氧化酶酶源也可催化茶多酚生成茶黄。郝慧英等采用不同底物对苹果中的多酚氧化酶的酶学性质做了系统的研究,结果表明,4-甲基儿茶酚为它的最适底物;萧伟祥等试验证明,用苹果制取多酚氧化酶丙酮粉,其多酚氧化酶催化茶多酚也能得到与茶多酚氧化酶作用相同的产物,但是效果远低于茶叶本身的多酚氧化酶。

Li 等研究了从甘薯淀粉厂废水中回收各种生化物质,并应用于从废绿茶中制取红茶提取物和茶黄素的简易工艺。采用等电沉淀、超滤和纳滤依次处理甘薯废水,分别回收多酚氧化酶、β-淀粉酶和小分子组分。通过优化补料分批补料发酵,能有效地将绿茶提取物转化成茶黄素含量高的红茶提取物。也可以多酚氧化酶转化产物为原料,经乙酸乙酯萃取得到纯度为 62.5% 的茶黄素。该工艺为经济利用甘薯废水和废茶,生产营养和保健产品提供了一条新途径。

蒋长兴等研究了山药多酚氧化酶催化合成茶黄素的效果。采用硫酸铵盐析、Sephadex G-75 柱层析等方法得到山药多酚氧化酶,纯化倍数为 52.5 倍,回收率为 16.45%,山药多酚氧化酶的最适温度为 35℃,最适 pH 值为 5.0。山药多酚氧化酶催化合成茶黄素,产量为 28.1%。茶黄素-3-没食子酸酯(TF-3-G)、茶黄素-3′-没食子酸酯(TF-3′-G)、茶黄素双没食子酸酯(TFDG)、茶黄素(TF)含量分别为 12.4%、2.78%、9.46%、0.85%。

王佛生等应用马铃薯作为多酚氧化酶的酶源制取酯型茶黄素,实验结果表明,儿茶素 4g、反应 pH 值 5.5、反应时间 60min、反应温度 35℃、粗酶液 25g、柠檬酸缓冲液 100mL 的反应体系,酯型茶黄素形成量较高。

2）化学氧化制备法

化学氧化制备法主要是利用无机氧化剂氧化儿茶素制得茶黄素。化学氧化与酶促氧化相比，它可消除酶提取纯化的困难、酶活性不稳定、反应程度难以控制以及受氧气的制约等因素的影响，大大简化了反应体系，简单方便，因而成为一种新的制备茶黄素方法。化学氧化制备法根据儿茶素氧化体系中 pH 值的不同，可分为碱性氧化制备法（pH＞7）和酸性氧化制备法（pH＜7）。

有关体外碱性氧化制备法制备茶黄素方面，Roberts 等以铁氰化钾和碳酸氢钠为氧化剂对儿茶素进行碱性氧化，其氧化产物经鉴定，发现生成了与酶促氧化相同的茶黄素类物质。后来 Coxon、Nonaka 等学者都证明碱性氧化生成了与酶促氧化相同的物质，且其得率甚至超过了酶促氧化。李立祥、宛晓春等证明由于化学氧化与酶促氧化在氧化机理上存在差异，以及不同的影响条件，酶促氧化与化学氧化在氧化产物组成和含量以及儿茶素残留等方面还是有差异的。萧伟祥等研究表明，化学氧化（铁氰化钾/碳酸氢钠）所得的茶色素制品中茶黄素与茶红素含量丰富，茶黄素含量占色素总量 26.2%～30.4%，而茶红素占 24.6%～26.4%。宛晓春等的研究表明，当等体积的茶多酚溶液（浓度为 1.0%～2.0%）与铁氰化钾/碳酸氢钠（溶液按溶质质量比 1：1.5），在 pH 为 7～8，温度 0～25℃条件下反应 15min 后，调节 pH 到 1～4 以终止反应，然后用乙酸乙酯萃取两次，经减压浓缩，真空干燥，可得到含茶黄素 40%以上的茶色素类产品。

酸性氧化制备法是指在酸性条件下利用氧化剂催化儿茶素形成茶黄素的一种方法。目前这方面的研究开展得不多。李立祥曾进行茶多酚酸性（pH 5.6）氧化试验，结果发现酸性氧化产物茶黄素中以 TF-3-G 较多，TF-3′-G、TF-3,3-G（或 TFDG）较少，即茶多酚酸性氧化可得到较多的酯型茶黄素。但是，根据生态保护的要求，化学法生产比酶法生产投入更多的废水处理费用，并且化学法缺乏底物专一性，副产品复杂，产品纯度受到一定限制。

3. 柱层析法

无论是采用溶剂浸提法从红茶中提取茶黄素，还是通过体外氧化制备法制取茶黄素，所得的茶黄素纯度仍然不高，限制了茶黄素类相关产品的应用和开发。为了获得高纯度的茶黄素，必须采用柱层析法对其进行精制纯化。常用的茶黄素柱层析制备法主要有纤维素柱层析法、葡聚糖凝胶柱层析法、硅胶柱层析法、聚酰胺吸附树脂柱层析法等。

Takino 等应用乙酸乙酯提取，硅胶层析初步分离，纤维素柱层析精制的方法成功地分离了三种茶黄素物质 TF1a、TF1b 和 TF-3,3′-G。具体的方法为：红茶经煮沸、过滤、浓硫酸处理及冷却处理后，产生橙色沉淀，经乙酸乙酯提取、浓缩、冷却、过滤、沉淀、5%碳酸氢钠洗脱、水洗等处理后，得浓缩干物，丙酮溶解，加入 4～5 倍氯仿沉淀，干燥后得橙红色粉末状色素，硅胶层析初步分离后，再经纤维素柱层析分离制备得到茶黄素。Crispin 等、竹尾忠一等、吴雪源等研究葡聚糖凝胶 Sephadex LH-20 柱层析法分离纯化茶黄素，经丙酮梯度淋洗，可分离出 3 种茶黄素物质。Bajai 等应用 Sephadex LH-20 柱层析分离红茶茶汤，共分离制备得到五种茶黄素物质。Collier 等将葡聚糖凝胶柱层析法和硅胶柱层析法结合起来分离茶黄素，将茶黄素粗提物过 Sephadex LH-20 柱，经丙酮洗脱、减压浓缩、萃取、干燥，得红色固体物，再经硅胶柱层析分离，得到 TF、TF-3-G 和 TF-3′-G 的混合物及 TFDG，该方法分离纯化效果好，但操作复杂，需要经过两次柱层析。丁阳平等首次选用聚酰胺NKA大孔吸附树脂作为分离材料，对茶黄素进行薄层及柱层析分离，得到 TF、TF-3′-G 两种组分，含量分别为 93%、85%。

在大规模工业化制备四种主要茶黄素单体方面，中国农业科学院茶叶研究所申请了一项发明专利"一种制备四种茶黄素单体的方法"。该专利以聚酰胺树脂作为柱层析分离的填料，采用一种由酯或酮、醇和有机酸组成的特殊的混合溶剂作为洗脱系统，从茶黄素提取物中能同时分离出高纯度的 TF、TF-3-G、TF-3′-G、TFDG 四种单体。该方法可用于从茶黄素提取物中分离制备大批量高纯度的茶黄素，纯度可达98%以上，适合用于大规模工业化生产。

2.3.2　茶黄素制备新技术

1. 高速逆流色谱法

高速逆流色谱法是 20 世纪 80 年代发展起来的一项技术，是不用固态支撑体或载体的液-液分配色谱技术，能实现连续有效的分配功能的实用分离技术。高速逆流色谱法可避免分离样品与固体载体表面产生化学反应而变性和不可逆吸附等情况的发生，且每次分离样品结束后，管道中残留溶剂均可冲出，不会对后续分离产生任何影响，因此高速逆流色谱法分离样品具有高回收率。

江和源等首次应用高速逆流色谱法分离纯化茶黄素，溶剂系统为乙酸乙酯-正己烷-甲醇-水（3∶3∶1∶6），优化了分离茶黄素的条件，同时与 Sephadex LH-20 柱层析法梯度洗脱对比，结果表明，高速逆流色谱法分离时间相对较短，可进行较大量的分离制备。Cao 等、Wang 等利用高速逆流色谱法分离红茶茶黄素，得到纯度较高的 TF 和 TFDG。杨子银等研究不同溶剂系统和碳酸氢钠前处理茶色素复合物对高速逆流色谱法分离茶黄素的分离效果，结果表明，通过高速逆流色谱法可分离得到 TF-3′-G、TFDG 以及 TF-3′-G 和 TFDG 的混合物。另外，国内外学者对 Sephadex LH-20 柱层析法和高速逆流色谱法联用技术分离茶黄素技术也做了相关研究。Du 等、Yang 等采用高速逆流色谱法和 Sephadex LH-20 柱层析联用法，

对红茶中的主要茶黄素单体进行了分离。结果表明，应用高速逆流色谱法和
Sephadex LH-20 柱层析联用法分离茶黄素，比单个分离方法更易得到纯度较高的
TF、TFMG 和 TFDG 等茶黄素物质。

在批量分离制备茶黄素方面，北京工商大学申请了一项发明专利"一种大批
量分离制备高纯度茶黄素单体的方法"。该专利采用了凝胶柱层析和高速逆流色
谱相结合的方法，将凝胶柱层析制备量大的特点和高速逆流色谱分离效率高的特
点结合起来，二者优势互补，实现了红茶提取物中四种主要茶黄素单体 TF、
TF-3-G、TF-3'-G、TFDG（茶黄素单没食子酸酯）的分离制备。该方法可用于从
茶黄素粗提物中分离制备 10g 至几十克高纯度的茶黄素单体，单体纯度可达 97%
以上。该方法具有产物纯度高、时间短、溶剂消耗量少等特点，但是目前凝胶柱
层析和高速逆流色谱法应用于工业化生产上还有成本高、制备量相对较小等制约
因素。

2. 膜富集法

近年来人们越来越注重天然植物功能成分制品的安全性，使得加工过程中使
用过乙酸乙酯等有机溶剂的茶黄素产品在许多国际市场上受到限制。膜分离与富
集技术由于具有高效率、低能耗、常温下进行、易于放大等优点而被广泛应用于
植物资源深加工。目前，在茶叶深加工中应用较多的膜技术是微滤、超滤、纳滤、
反渗透等。肖文军等以云南红碎茶为原料，以 1∶8 与 1∶7 的茶水比在 90℃下浸
提两次，每次 30min，合并浸提液；以膜面积为 1m²、孔径为 0.2μm 的陶瓷膜、
膜面积为 4m²、截留分子量为 3500 或 10000 的卷式超滤膜以及膜面积为 1m²、截
留分子量为 300 的卷式纳滤膜依次进行微滤澄清、超滤分离与纳滤浓缩，系统研
究了各膜滤过程的性能表征及其效应。结果表明，微滤对料液具有很好的澄清效
果，茶黄素的截留率达 91.85%；截留分子量为 3500 和 10000 的膜超滤后，茶黄
素的纯度分别为 1.72%、1.00%，茶黄素的截留率分别可达到 27.35%、85.79%；
截留分子量为 300 的膜纳滤浓缩后，茶黄素截留率达 93.39%，茶黄素的纯度提高
至 1.14%。

膜富集法具有运行温度低、生产效率高、可自动连续操作等优点，但膜富集
制备茶黄素仍然存在几个问题。首先，适合分离制备茶黄素的膜材料可筛选性较
小；其次，膜设备装置的死体积会严重影响产品得率；再次，料液体系应用膜分
离和浓缩时，膜污染情况比较普遍，需经常清洗再生，非常费时、费功，能耗
大，成本高。总之，膜分离与富集技术应用于茶黄素的工业化制备还需要进一
步探索。

2.4　茶多糖的生产工艺

2.4.1　茶多糖的提取工艺

现今关于茶多糖的提取方法，主要有酸提法、碱提法、水提法、微波提取法、酶提法和超声波提取法等。酸提法和碱提法对提取条件要求较高，用稀酸提取，时间宜短，温度不宜过高；用稀碱提取，应在氮气中进行，防止茶多糖降解。

1. 水提法

茶多糖属于极性大分子化合物，通常选择极性较大的溶剂进行提取。根据所用溶剂的不同，可分为水提法、酸提法和碱提法。热水提取法是最为传统的提取方法，提取水温会显著影响茶多糖得率及生物活性。采用稀酸法浸提时，需注意时间要短，温度不要太高。使用稀碱法提取，应在氮气流中操作，以防止茶多糖降解失效。目前应用最广的茶多糖溶剂提取法为70℃热水提取法。

有关茶多糖的水提法提取工艺的研究，国内有许多报道。根据所得产物的情况可以将提取方法分为：单一提取法和综合提取法。综合提取法所得产物不止茶多糖一种，包括水提法和乙醇提取法。

1）茶多糖单一提取法

单一提取法所得产物只有茶多糖，主要有乙醇回流法和水浸提法。

方法 a.原料→水浸提（2～3次）→沉淀过滤→取滤液浓缩→乙醇沉淀→过滤、回收乙醇→粗多糖→精制、干燥→茶多糖。

黄杰等（2006）研究浸提温度、浸提时间、料液比对茶多糖得率、茶多糖含量及蛋白质含量的影响，得出浸提温度宜为55℃，浸提时间宜为3h，料液比达到1∶25即可。而曹鹏飞（2007）用正交实验得出最佳提取条件为：料液比1∶10，浸提时间为60min，浸提温度为100℃，沉淀时所用的乙醇浓度为75%。

方法 b.原料→乙醇浸泡回流（3次）→取滤渣→水浸提（3次）→过滤→提取液浓缩、脱脂、脱蛋白、脱色等→乙醇沉淀（2次）→取滤渣精制、干燥→茶多糖。

和方法 a 相比，该方法在原料提取前用乙醇浸泡脱去一些酚类色素和溶于醇的小分子杂质，为纯化精制打下了基础。周小玲用1∶5的乙醇于恒温30℃振摇30min对原料进行处理，泡至上层乙醇无色后再进行提取，并采用二次响应面法对提取工艺优化，得出最优提取工艺为浸提温度80℃，浸提时间1.5h，料液比1∶20。

方法 c.原料→预处理（乙醇浸泡或者酶水解）→水浸提→超滤→取滤液→乙

醇沉淀→干燥→茶多糖。

　　该方法在前两种方法的基础上将超滤膜引入茶多糖的提取工艺，用超滤法对提取液进行粗分离，实现了茶多糖与茶多酚、咖啡因的分离，提高了多糖的纯度。

　　刘新月等研究了普洱茶中茶多糖的最佳提取工艺，优化条件为浸提温度90℃，浸提时间 40min，浸提次数 3 次，乙醇浓度 80%。

　　Luo 等采用单因素试验分析浸提温度、浸提时间、料液比这 3 种主要因素对茶多糖提取率的影响，利用 Box-Behnken 中心组合试验和响应面法，确定了普洱茶茶多糖的最佳提取工艺，料液比为 1∶17，浸提温度为 80℃，浸提时间为78.5min，茶多糖得率为 12.72%，茶多糖的提取率增加明显。

2）茶多糖综合提取法

　　该方法的最后产物不但能得到茶多糖，还能得到咖啡因和茶多酚等，具有工艺流程简单、效益高等优点。大致可分为下面两种方法。

　　方法 a. 原料→沸水浸提（2 次）→离心、除渣→提取液氯仿萃取→

｛有机层→回收氯仿、精制、干燥→ 咖啡因

　水层→乙酸乙酯萃取→｛有机层→回收、精制、干燥→茶多酚

　　　　　　　　　　　水层→乙醇醇析→离心、取滤渣、精制、干燥→茶多糖

　　方法 b. 原料→乙醇浸提→

｛滤渣酸性乙醇提取→滤液丙酮分离→回收、精制、干燥→茶多糖

　滤液浓缩氯仿萃取→｛有机层→回收、精制、干燥→咖啡因

　　　　　　　　　　　水层乙酸乙酯萃取→｛有机层→回收、精制、干燥→茶多酚

　　　　　　　　　　　　　　　　　　　水层→浓缩、干燥→水溶性复合物

　　这两种方法的区别就在于前者是用水提取的，而后者是用醇提取的，并且后者用丙酮来粗分离。这两种方法，为粗老茶、陈茶以及茶渣的综合利用开辟了新途径。

　　2. 辅助提取方法

　　常规水提取法，在实际应用中存在操作困难、效率较低、时间过长等缺点，因而，一些新型提取技术不断被应用于茶多糖的提取制备，其中较为常见的是酶提法、超声波提取法和微波提取法等，在实际生产加工中用于辅助水提法。

　　酶工程技术是近年来广泛用于天然植物有效成分提取的一项新型生物工程技术，选用合适的酶，可较温和地将植物组织分解，加速有效成分的释放，从而提高得率。茶多糖提取中常用的酶有：果胶酶、纤维素酶和胰蛋白酶，实际应用中可采用单一酶，也可用复合酶进行提取。酶提法辅助提取，反应条件温和，选择

性高，所得茶多糖生物活性高；缺点是对温度和酸碱度要求高，部分酶可能与茶多糖存在反应，成本较高。王元凤等将复合酶和果胶酶用于茶多糖的提取，使得茶叶细胞壁破裂，促进茶多糖的溶出，使茶多糖提取率达到了 2.21%。

超声波提取法，主要是利用超声波在液体中的空化作用加速植物有效成分的浸出提取，具有高效、适用性广、条件温和等优点。超声波产生的机械振动、乳化、击碎等效应也能加速植物多糖成分的扩散释放，促进其充分与溶剂混合。影响提取效果的主要因素是：料液比、浸提温度、浸提时间、浸提次数、超声波功率、超声时间。超声波辅助提取能明显缩短提取时间，减少浸提次数，浸提效率高。

微波提取法是利用微波辐射，使植物细胞吸收能量而破碎，从而提高产物浸出速率。影响浸提效果的因素：料液比、浸提温度、浸提时间、浸提次数、微波功率、微波辐射时间。微波提取法的优点是提取速率快、产率高、能耗低、操作简单。

Chen 等研究了二氧化碳超临界萃取茶多糖的最佳工艺参数为：提取时间 2h、提取温度 45℃、提取压力 35MPa、乙醇浓度 20%、颗粒度 380nm。超临界萃取茶多糖得率高，活性好，萃取温度低，无毒无害；缺点是设备成本高，生产能力低，工业化生产可能存在较大问题。

2.4.2　茶多糖的分离纯化

茶多糖通常是一类复合物，包括糖类、果胶、蛋白质等成分。通过提取得到的茶多糖，一般纯度不高，属于茶叶粗多糖，可能还含有与其分子量相差不大的水溶性物质、色素、蛋白质、脂类、低聚糖等杂质。为了得到均一组分的茶多糖，必须对其进行脱蛋白和脱色素等分离纯化处理。分离纯化的方法有很多，如脱色法、脱蛋白法、沉淀法、超滤法、柱层析法等。

1. 脱色法

茶叶中含有的多酚类物质极易氧化，并且氧化后颜色很深，在茶多糖提取过程中，这些色素物质加重了茶多糖的色泽，给茶多糖的结构分析、作用机理及构效关系的研究带来了困难，因此对提取的粗茶的糖必须进行脱色处理。目前，较为成熟的脱色方法主要有物理吸附法、树脂脱色法和氧化法。

物理吸附法通常采用活性炭、大孔吸附树脂、硅藻土、高岭土和交联聚乙烯吡咯烷酮等作为吸附剂。这些吸附剂具有大孔网状结构和相对较大的比表面积，可以从粗多糖溶液中吸附色素物质。活性炭脱色是依靠范德瓦耳斯力将色素吸附到活性炭表面，活性炭的颗粒越小，其表面积越大，吸附能力越强。但活性炭脱色样品损失较大，对于从动植物中提取的天然多糖，由于量都很少，所以较少采用活性炭脱色。

树脂脱色法是近年新发展起来的一种脱色方法，其脱色效果好，适合于处理量小、黏性小、色素含量较小的体系，否则易造成树脂污染，再生困难。树脂脱色法的树脂成本较高，生产周期较长。王元凤采用离子交换树脂和吸附树脂对茶多糖进行脱色，筛选出大孔弱碱性的阴离子交换树脂 D301-G 和 D315，非极性大孔吸附树脂 DA201-C。常用弱碱性树脂 DEAE 纤维素（二乙氨乙基纤维素）对茶多糖不仅具有脱色作用，而且可以去除茶多糖粗提物中的残余茶多酚，对茶多糖初步分级。

氧化法，一般采用过氧化氢作为氧化剂，使茶多糖中有色物质的分子发生氧化。优点是脱色效果较好；缺点是具有强氧化性，容易导致茶多糖失活。过氧化氢的脱色原理是在水溶液中电离出的过氧化氢根离子 HO_2^- 与色素物质发生反应。在酸性介质中，能起漂白作用的 HO_2^- 离子浓度很低，脱色作用较差，加入弱碱后，电离度增大，即过氧化氢被活化，色素分解速度加快，漂白作用增强。这是因为在此条件下，易引发过氧化氢分解，产生游离基，游离基一旦与茶多糖中的色素作用，便可使之脱色。

2. 脱蛋白法

李布青等证实茶多糖是一类与蛋白质结合在一起的酸性多糖或一种酸性糖蛋白，茶多糖中游离蛋白质的碱性氨基酸会与多糖链上的酸性基团发生静电结合，使蛋白质和多糖联系更紧密。一般常用的脱蛋白法有 Sevag 法、三氟三氯乙烷法和三氯乙酸法。

蛋白质在氯仿等有机溶剂中会变性而不溶于水。将茶多糖水溶液与一定配比的氯仿-正丁醇（或戊醇）按比例混合后，剧烈振摇，蛋白质变性呈凝胶状，经离心可除去变性蛋白。Sevag 法的条件较为温和，可避免多糖的降解；缺点是一次只能除去少量蛋白质，一般多次反复才能除尽，多糖常因多次除去蛋白质而损失。另外，也不能用于脱除脂蛋白。

三氟三氯乙烷法效率较高，可以除去较多的蛋白质，且不会造成多糖的大量降解，但其易挥发，不宜大量使用。

三氯乙酸法脱蛋白效果较好，但此法反应较为剧烈，会引起某些多糖的降解，得率降低。蛋白质分子内部的疏水基团能与三氯乙酸发生作用而造成蛋白质变性，相互凝聚沉淀。该方法能有效除去蛋白质；缺点是耗时，需静置过夜。另外，由于三氯乙酸易于酸水解，在一定程度上导致糖苷键水解，影响活性。

此外，也可以采用酶法和化学法联用的方法。蛋白酶可催化水解蛋白质，能较温和地除去蛋白质，并能较好地保证多糖的生物活性；化学法可有效除去蛋白质，将二者联用与单独使用酶法和化学法相比效率更高，溶剂处理次数相对减少，耗时短，成本降低。

3. 沉淀法

常用的沉淀法有分级沉淀法和季铵盐沉淀法。分级沉淀法是利用不同多糖在不同体积分数的低级醇或酮中具有不同溶解度的性质，来分离沉淀得到某一性质或某一分子量的茶多糖，通过改变有机提取溶剂的比例，沉淀分离各种溶解度相差较大的多糖。此方法适宜于分离各种溶解度相差较大的多糖，沉淀剂通常采用乙醇。黄桂宽等用 40%和 60%的乙醇分级沉淀，干燥后得到浅黄色与灰白色的茶多糖 TP-1 和 TP-2，得率分别为 2.8%和 0.7%。

季铵盐沉淀法是利用长链季铵盐能与酸性多糖形成水不溶性化合物，从而分离酸性及中性多糖。季铵盐及其氧化物是一类乳化剂，可与酸性多糖形成不溶性沉淀，不与中性多糖产生沉淀，因此常用于酸性多糖的分离，但是当溶液的 pH 值增大时，也会与中性多糖形成沉淀。因此，必须严格控制多糖混合物的 pH 值小于 8，否则中性多糖也会沉淀出来。一般来说，酸性强或分子量大的酸性多糖首先沉淀出来。常用的季铵盐是十六烷基三甲基溴化铵（CTAB）及其碱（CTA—OH）和氯化十六烷基吡啶（CPC）。

4. 超滤法

超滤法是 20 世纪 60 年代兴起的一项膜分离技术，它是利用不同孔径的超滤膜具有允许不同分子量和形状的物质通过的性质，使样品溶液通过已知孔径的超滤膜从而分离。超滤法在分离过程中无相变，不添加任何化学试剂，加之超滤设备操作比较简单，滤膜可反复多次使用，现已广泛应用于果蔬汁加工、纺织印染及中药分离纯化领域。

在多糖提取方面应用较多的是超滤和微滤技术。超滤的孔径范围为 1～100nm，截留分子量为 1～1000kDa，微滤膜通常截留粒径大于 0.05μm 的微粒。Kenichi 曾用超滤法制备出纯化的茶多糖。寇小红等研究经过 0.2μm 孔径膜后的茶汤滤液，再依次经过 150kDa、20kDa、6kDa 的膜组件进行分级和浓缩，结果表明，膜超滤处理对于茶多糖的分离纯化效果明显。茶汤中 50%以上的干物质能够透过 20kDa 的膜，并且 20kDa 膜截留液中的多糖含量最高，其占干物质的比例可达到 36.86%，150kDa 膜和 6kDa 膜截留液中多糖含量分别为 27.13%和 21.16%，而透过 6kDa 膜部分中占干物质的比例则仅为 1.09%。

5. 柱层析法

经过脱色、脱蛋白以及沉淀或超滤处理的茶多糖，大部分杂质已经除去了，但若要获得均一组分的茶多糖，还需要用柱层析对茶多糖进一步纯化分级。常用的柱层析有纤维素柱层析和凝胶柱层析。

1）纤维素柱层析

纤维素阴离子交换剂可吸附酸性多糖等离子型物质，其吸附力随多糖分子中酸性基团的增加而增加，酸性强弱不同的酸性多糖，可被 pH 相同而离子强度不同的缓冲液洗脱出来。纤维素柱层析一般用 DEAE-纤维素作交换剂，适合分离各种酸性、中性多糖和黏多糖。江和源等用 DEAE 纤维素对脱色脱蛋白后的茶多糖进行纯化，得到 TPS1-H_2O、TPS1-0.25 和 TPS1-0.40 三个组分的茶多糖，对应的洗脱液分别为 H_2O、0.25mol/L NaCl 和 0.40mol/L NaCl。

Jia 等用响应面优化工艺技术从老鹰茶中提取出粗多糖，然后采用 DEAE-52 纤维素柱纯化，分别获得了 HMP-1 和 HMP-2 两种纯化多糖，分子质量分别为 133kDa 和 100kDa，组成单糖主要有阿拉伯糖、半乳糖、葡萄糖和甘露糖等。

2）凝胶柱层析

凝胶柱层析是利用凝胶的分子筛作用，根据多糖分子大小和形状的不同进行分离的。常用的凝胶有葡聚糖凝胶（Sephadex）、琼脂糖凝胶（Sepharose）以及丙烯葡聚糖凝胶（Sephacryl）。这三种凝胶都有一系列分子量范围的产品，可以根据样品的分子量范围来选择相应的凝胶。汪东风等对 Sevag 法脱蛋白后的茶多糖过 Sephadex G-75 柱分离和 Sephadex G-150 柱层析，液相检测显示其纯化所得的 REE-TPS 为单一对称峰，基本为均一组分。寇小红等对过 150kDa、20kDa、6kDa 的超滤膜所得到的茶多糖滤液和截留液，再分别用 DEAE-52 纤维素离子交换柱层析和丙烯葡聚糖凝胶 Sephacryl S-300 柱层析系统分离、纯化，共得到了 20 多种茶多糖的分级组分。

多糖的纯化还可用其他方法，如制备型高效液相色谱、制备型区带电泳、亲和层析等，这些方法有时对制备一些少量纯品是很有用处的。虽然纯化多糖的方法很多，但是一种纯化方法往往只能除去其中的一种或几种杂质，不能一次性得到茶多糖均一性组分，而利用几种纯化方法结合可以达到较好的纯化效果。

2.5　茶叶香精油的生产工艺

茶叶中香气组分含量低、不稳定、易挥发，而且在分离制备过程中易发生氧化、基团转移、缩合、聚合乃至光化学反应等，导致茶叶香精油在生产上存在萃取难度大、产量低、耗费成本高等。因此，茶叶香精油的工业化生产还较为罕见，大多数停留在实验室规模水平。常见的茶叶香精油的萃取工艺主要有以下几种。

2.5.1　同时蒸馏萃取工艺

同时蒸馏萃取（simultaneous distillation extraction，SDE）法，最早由 Likens

和 Nickerson 在 1964 年提出，Schultz 等 1977 年进行了改进（图 2-4）。其提取工艺是通过同时加热茶、水混合液与萃取溶剂至沸腾来实现：把茶、水混合液置于一烧瓶中，连接于装置右侧，另一烧瓶盛装萃取溶剂，连接于装置左侧，两瓶同时加热，使水蒸气、溶剂蒸气以及茶叶挥发性成分同时在装置中被冷凝下来，即蒸馏和提取同时进行。由于水和有机物不相混溶，以上成分在装置的 U 形管中被分离，分别流向两侧的烧瓶中，其中茶叶的挥发性成分被溶剂带入左侧的溶剂瓶中，浓缩后即可获得茶叶香精油。该方法萃取效率高、耗费溶剂少、操作简单；但同时缺点也较显而易见，因为萃取是在密闭系统内反复进行，萃取温度高、次生反应剧烈，特别是对一些热敏性香气组分影响较大，造成香精油与茶叶实际香气有一定差距。此外，溶剂的浓缩过程也会造成茶叶香精油中低沸点化合物的大量损失。鉴于提取成本高以及香精油保真度较低等缺陷，目前该方法的工业化应用较少，未被大规模应用于产业中。

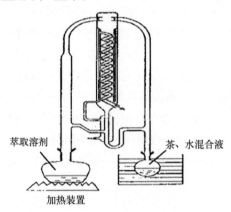

萃取溶剂　　　　　　　　茶、水混合液

加热装置

图 2-4　SDE 装置简易图

操作方法：干茶 25g，蒸馏水 500mL，加入 1000mL 圆底烧瓶中，30mL 无水乙醚在 SDE 装置上连续萃取 1h 后，取出乙醚层，无水硫酸钠脱水 10h，氮气浓缩至 1mL 时，同样方法，残渣再用 30mL 无水乙醚在 SDE 装置上萃取，提取香精油。每次萃取 1h，重复 5 次。

2.5.2　减压蒸馏萃取工艺

减压蒸馏萃取（vacuum distillation extraction，VDE）法是较早使用的一种香精油制备方法。将大量的茶叶样品和去离子水置于减压蒸馏装置（图 2-5）左侧的烧瓶中，50℃水浴下减压蒸馏，经冷阱充分冷凝及干燥塔充分干燥后馏出茶叶粗制精油。粗制精油经无水乙醚萃取浓缩后，最终获得茶叶精制精油。该方法的优点在于整个操作的过程都在较低的温度下进行，有效地避免了过高的温度对茶叶中热敏性香气组分的影响，能够较真实地反映茶叶香气的风味特征；但是此方法缺点在于，处理时需要大量的试样和试剂，而且样品处理周期长、萃取效率较低、耗费成本较高。因此，该技术目前也难以实现工业化应用。

图 2-5　VDE 装置简易图

2.5.3　溶剂提取工艺

溶剂提取法也是一种常用的茶叶香精油提取工艺，其原理是利用各化合物沸点和溶解度的差异性，将茶叶用溶解性较佳的有机溶剂（如石油醚、乙醇、烷烃、丙酮、氯仿、乙醚等）溶解，通过连续回流提取或者浸提，使茶叶中的挥发性成分与茶叶中其他成分分离，从而获得茶叶香精油粗品。香精油粗品再通过进一步的蒸馏提纯，最终获得精制的茶叶香精油（图 2-6）。溶剂提取法的优势在于操作容易、萃取率高；但在萃取的过程中需要大量的有机溶剂，且在香精油浓缩过程中，随着有机溶剂的蒸发，香精油中低沸点的化合物也会大量失去。若采用蒸馏法提纯，香精油中易残留少量有机溶剂，影响香精油的香气品质。总体来说，溶剂提取法适合用于茶叶香精油的初步提取，但若要获得精制香精油，需要结合其他工艺。

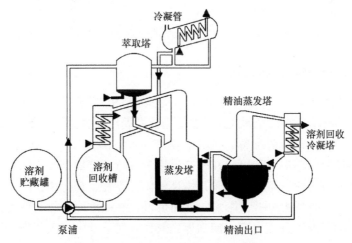

图 2-6　溶剂提取法工业流程（植物精油）

2.5.4 柱吸附-溶剂洗脱工艺

Shimoda 在 1995 年就利用柱吸附的方法提取茶叶中的香气物质。柱吸附方法的核心部分是柱填料，不同的柱填料的吸附效果不同。目前常用的柱填料吸附树脂有 PorapackQ 吸附树脂和 XAD-2 吸附树脂。柱吸附法能够在较低的温度条件下提取茶叶中的香气组分，降低了高温对香气的破坏作用。有研究表明，柱吸附法提取的绿茶香气为清香，且香气锐，在温度不高时利用柱吸附提取茶叶香气可得到较好的效果，特别适合高浓度花香的提取。然而，该方法需要耗费较多的茶样，且需要用大量的溶剂将茶叶香精油从吸附柱上洗脱下来，后续的溶剂浓缩会造成茶叶香精油中部分低沸点化合物的失去，从而造成茶叶香精油的保真度较低。目前，该方法的工业化应用也较少。

具体操作方法：将茶样放于圆底烧瓶中，加入蒸馏水（加入 900mL 原料，提取液、浓缩液和速溶绿茶加至 700mL），将烧瓶接入提取装置（图 2-7）与吸附树脂相连，用电热套加热至微沸，保持 5min，撤去电热套，连接真空泵，控制空气流速为 600mL/min，吸附 40min。取下吸附柱，用流速 50mL/min 氮气吹柱去除水分。用 50mL 重蒸无水乙醚洗脱吸附柱，收集乙醚淋洗液浓缩至一定量，低温保存。

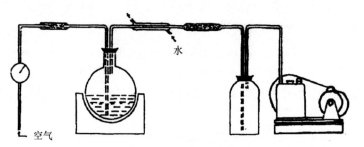

图 2-7　柱吸附装置

2.5.5 超临界流体萃取工艺

超临界流体萃取（supercritical fluid extraction，SFE）是利用处于临界压力和临界温度以上的流体具有特异增加的溶解能力而发展出来的化工分离技术（图 2-8）。二氧化碳是理想的超临界流体，其临界温度接近室温（31.06℃），因此在选择其作为萃取溶剂时，萃取过程可以在较低温度下进行，这样茶叶中的热敏性香气组分不易被降解或转化，且二氧化碳是惰性气体，无毒、易分离，因此也不会对茶叶中不稳定性的香气组分造成影响，从而可以较好地重现茶叶的真实香气。

在一定的温度以及压力下，超临界二氧化碳对茶叶中的天然产物具有特殊的溶解作用，其作为溶剂从萃取釜底部进入，与被萃取的茶叶样品充分接触，选择性溶解出有效的化学成分。接下来,含溶解萃取物的高压超临界二氧化碳流体经节流阀降压到低于二氧化碳临界压力以下,二氧化碳溶解度急剧下降,从而自动分离成溶质和二氧化碳气体两部分,溶质即为茶叶精油,随着管路流通至收集装置中,后者为循环二氧化碳气体,经过热交换器冷凝成二氧化碳液体进入下一轮循环。然而由于超临界二氧化碳不仅可以萃取出茶叶挥发性成分,也同时可以萃取出茶叶中的咖啡因、色素等非挥发性成分,因此虽然采用该方法萃取出来的茶叶香精油保真度高,但仍可能需要结合其他处理手段进一步精制(溶剂提取、分子蒸馏技术等)。此外,由于茶叶中油脂类成分较低,需借助极性大的溶剂(夹带剂)来进一步增加二氧化碳的溶解度,常用的夹带剂有不同浓度的乙醇、甲醇水溶液等。目前这种萃取工艺引起了香精香料领域的广泛关注,正逐渐由实验室规模向工业化生产转型。但这种萃取方法对设备的要求较高,且必须在高压下操作,要求一次性的投资较大,适合用来制备高端系列精油产品。

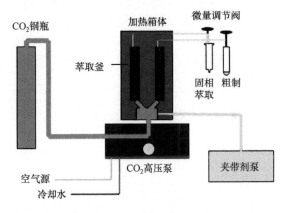

图 2-8　SFE 流程示意图

2.5.6　亚临界流体萃取工艺

亚临界流体是指某些在特定条件下(温度高于其沸点但低于临界温度,且压力低于其临界压力),以流体形式存在的物质。处于该状态区域的物质具有高传质、易扩散的特性,是一种良好的萃取溶剂。亚临界流体萃取(sub-critical fluid extraction)是以亚临界流体作为萃取剂,在密闭、无氧、低压的容器内,依据有机物相似相溶的原理,利用萃取物料与萃取剂在浸泡过程中的分子扩散过程,将固体物料中的脂溶性目标成分转移到液态的萃取剂中,再通过减压蒸发的过程将萃取剂与目标产物分离,最终得到目标产物的一种新型萃取与分离技术(图 2-9)。常用的亚临界萃取溶剂包括:水、丁烷、丙烷、二甲醚(DME)、1,1,1,2-四氟乙烷(R134a)和液氨等。亚临界流体萃取具有环保、无污染、保留提取物的活性成分不被破坏、产能大、可工业化大规模生产及运行成本低等诸多优势，已被农产品加工行业广泛认同。在精油提取方面，亚临界流体萃取技术也获得了普遍关注，在玫瑰、沉香、薰衣草、百里香等植物精油的提取方面已有较好的工业应用。目前，在茶叶方面，该技术的应用还比较少，仅在茶花精油提取、茶叶非挥发性提取（茶多糖、茶多酚等）及去除茶叶农药残留等领域有少数研究性报道。也有部分研究报道显示，亚临界和超临界萃取技术在提取效率上各有优劣，亚临界萃取工艺成本低于超临界萃取，且部分精油提取率远高于超临界萃取；超临界萃取对萜类化合物的萃取效率较高，保真度更为理想。此外，和上述其他工艺类似的是，亚临界流体萃取技术提取出来的精油中还含有其他非挥发性成分，需要进一步精制（减压蒸馏、分子蒸馏等）。总体说来，鉴于亚临界萃取技术在其他邻近领域的广泛推广应用，该技术有望在茶叶精油提取方面实现工业化应用。

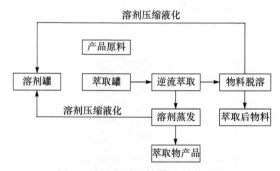

图 2-9　亚临界流体萃取工艺流程

　　分子蒸馏是一种新型、高效、精细的液-液分离技术，具有蒸馏压强低、受热时间短、分离程度高等特点，其本质是基于混合物中不同组分之间分子运动平均自由程差异为主体的分离过程（图 2-10）。与常规蒸馏技术相比，由于分子蒸馏在低于物料沸点的温度下操作，且物料停留时间短，故对于高沸点、热敏及易氧化物料的分离而言，分子蒸馏法是最佳的分离方法。目前，分子蒸馏被认为是分离低挥发度和低热稳定性物质的理想方法，已广泛应用于食品、医药、香精香料等领域。在精油提取领域，天然精油中存在大量具有热敏性的萜类化合物，用普通的蒸馏方法提取和精制，容易引起分子重排、聚合、氧化、水解等反应，而且萜类化合物沸点相对较高，采用传统的高温蒸馏法易造成精油有效成分的破坏，从而损害精油的品质。相比之下，分子蒸馏技术能够很好地脱除精油中的杂质和高沸点成分，保持目标成分的天然品质，是理想的香精油提取方法。但因分子蒸馏装置必须保证体系压力达到高真空度，对材料密封要求较高、设备加工难度大、造价高，因此也难以实现单独的大规模工业化应用，目前往往与水蒸气蒸馏、超临界萃取、亚临界萃取等技术结合，应用于精油提取后期的精制流程中。该技术在茶叶香精油提取上的应用还比较罕见，但鉴于该技术在植物精油提取上的突出优势，未来也可能在茶叶香精油提取方面实现工业化应用。

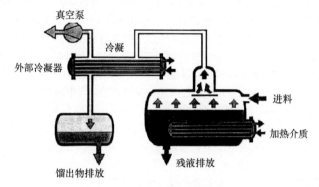

图 2-10 分子蒸馏工艺流程

2.5.7 其他提取工艺

除上述常用的技术以外，可以从其他植物精油提取领域借鉴的技术还包括微波萃取法、水蒸气蒸馏法、微胶囊双水相萃取法、水酶法等，但出于成本、利用率及环保要求等方面的考虑，以上技术在茶叶香精油提取方面的应用十分罕见。此外，随着香精油提取技术的发展，为了在提高香精油的产率及纯度的同时降低生产成本，如今的香精油提取技术已不再局限于单一提取技术的应用，而是将多种有效提取技术相结合，或者引入一些绿色辅助手段（如超声波、高压脉冲电场、超高压、微波、微生物发酵等），以弥补传统提取工艺存在的不足，向着节能、高效、安全、环保的目标发展。

综上所述，由于茶叶香精油的含量极低，而茶叶原料的价格相对较高等，虽然提取工艺多种多样，但目前茶叶香精油提取的工业化应用还处于初步发展阶段，如何降低生产成本，提高茶叶香精油的提取率是亟待解决的重点问题。采用夏秋茶、低档茶、碎茶等作为生产原料、采用多种提取工艺联用或开发茶叶香精油与其他茶叶活性成分的集成连续提取技术将是今后茶叶香精油提取领域的发展目标。

参 考 文 献

阿有梅, 吕双喜, 贾陆, 等. 2001. 从茶叶中同时提取茶多酚和咖啡因工艺探讨. 河南医科大学学报, 36(1): 80.

蔡文韬, 陈秋苑, 袁学文. 2017. 龙眼核精油提取技术及成分分析的研究进展. 2017 年广东省食品学会年会论文集: 47-50.

曹鹏飞. 2007. 茶多糖提取工艺条件做正交试验研究. 安徽农业科学, 35(14): 4287, 4322.

曹学丽, 田宇, 张天佑, 等. 2000. 高纯度单体儿茶素的高速逆流色谱分离制备方法: 中国, CN99109031. 4.

曹雁平, 李建宇, 朱桂清, 等. 2004. 绿茶茶多酚的双频超声浸取研究. 食品科学, 25(10): 139.

陈理, 邓丽杰, 陈平, 等. 2006. 高速逆流色谱分离同分异构体. 色谱, 24(6): 570-573.

陈瑛, 钟俊辉. 1998. 离子交换法提取茶氨酸的研究. 氨基酸和生物资源, 20(1): 31-34.

成浩, 高秀清. 2004. 茶树悬浮细胞茶氨酸生物合成动态研究. 茶叶科学, 24(2): 115-118.

董文宾, 胡英, 周玲. 2002. 有机溶剂法制备茶多酚的工艺研究. 食品工业科技, 23(9): 44.

杜琪珍, 李名君, 程启坤. 1996. 茶儿茶素的高速逆流色谱分离. 中国茶叶, 18(2): 17-18.

付晓风. 2012. 鲜绿茶叶中茶多酚的提取和纯化研究. 南昌: 南昌大学.

高彦华, 刘晓娜, 乔喜芹. 2006. 树脂法纯化茶多酚工艺的研究. 黑龙江医药, 19(2): 108-110.

龚雨顺, 刘仲华, 黄建安, 等. 2005. 大孔吸附树脂分离茶儿茶素和咖啡因的研究. 湖南农业大学学报(自然科学版), 31(1): 50-52.

龚正礼, 蒲建, 刘勤晋. 1995. 茶叶儿茶素提取与纯化研究. 西南农业大报, 17(6): 545-549.

龚智宏, 陈思, 高江涛, 等. 2017. 半制备型液相色谱法分离纯化茶叶鲜叶中 7 种儿茶素类化合物. 色谱, 35(11): 1192-1197.

贺佳, 李多伟, 智彩辉, 等. 2012. 茶叶有效成分综合提取分离生产工艺. 江苏农业科学, 40(9): 247-250.

胡玲玲, 张超霞, 韩丽丽, 等. 2011. 沉淀法提取茶叶废料中茶多酚的工艺研究. 广州化工, 39(11): 64-65.

黄杰, 孙桂菊, 李恒, 等. 2006. 茶多糖提取工艺研究. 食品研究与开发, 6(27): 77-79.

姜绍通, 黄静, 潘丽军, 等. 2004. 儿茶素单体的分离纯化方法: 中国, CN200410041577. 3.

姜绍通, 李慧星, 马道荣, 等. 2006. AB-8 树脂吸附分离 EGCG 和 ECG 的研究. 安徽农业科学, 34(5): 972-973.

焦庆才, 钱绍松, 陈然, 等. 2004. 茶氨酸的合成方法: 中国, CN1560025.

李荣林, 方辉遂. 1998. 固定化多酚氧化酶的化学性质研究. 茶叶, 24(1): 18-21.

李甜, 朱新荣, 田童童, 等. 2015. 从残次茶中制备茶多酚的关键技术研究. 中国酿造, 34(6): 94-98.

李文婷, 车振明, 罗梦莹. 2011. 超临界 CO_2 萃取绿茶中茶多酚工艺的研究. 食品工业, (7): 22-24.

李炎, 王秀芬, 刘峰. 2003. 茶氨酸合成: 中国, CN1415599A.

李兆基, 吴棱, 康遥, 等. 2001. 一种茶多酚中儿茶素类化合物的分离方法: 中国, CN00128567. X.

连志庆. 2014. 树脂法分离纯化茶多酚新工艺试验与应用研究. 福州: 福建农林大学.

廖耀梁. 1990. 超临界气体提取及亚临界液体提取在中药制剂生产应用中的展望. 医药情报, (7): 7-14.

林智, 杨勇, 谭俊峰, 等. 2004. 茶氨酸提取纯化工艺研究. 天然产物研究与开发, 16(5): 442-447.

刘秀明, 李源栋, 张翼鹏, 等. 2019. 基于分子蒸馏分离云南冰糖脐橙 "褚橙" 精油结合 GC-MS 分析香气成分. 云南农业大学学报(自然科学), 34(4): 631-636.

刘学铭, 梁世中. 1998. 茶多酚的保健和药理作用及应用前景. 食品与发酵工业, 24(5): 47-51.

吕虎, 华萍, 余继红, 等. 2007. 大规模茶叶细胞悬浮培养茶氨酸合成工艺优化研究. 广西植物, 27(3): 457-461.

马涛, 曹秋娥, 何雪峰, 等. 2012. 观音茶不同提取方法香味物质分析及其在卷烟滤嘴中的应用. 浙江农业学报, 24(6): 983-987.

宓晓黎, 杨焱, 袁建新, 等. 1997. 超临界二氧化碳萃取茶叶中 EGCG 等儿茶素组分的研究. 中国茶叶, (6): 18-19.

潘丽军, 姜绍通, 汪国庭, 等. 1999. 果胶酶对茶多酚萃取体系传质效果的影响. 食品科学, (12): 25-28.

戚向阳, 谢笔钧, 胡慰望. 1994. 高纯度表没食子儿茶素没食子酸酯(EGCG)的分离与制备. 精细化工, 11: 40-46.

沈生荣, 张星海, 郭碧花. 2002. 儿茶素富集和 EGCG 单体纯化新工艺研究. 茶叶, 28(3): 136-137.

舒红英, 罗旭彪, 王永珍. 2011. 绿茶中茶多酚的复合酶-微波法提取工艺研究. 中草药, 42(7): 1309-1312.

唐课文, 周春山, 蒋新宇, 等. 2002. 沉淀-吸附法制备高纯酯型儿茶素. 中南工业大学学报, 33(3): 247-249.

唐晓红. 2018. 玫瑰精油提取的研究进展. 林产工业, 45(8): 36-41.

屠幼英, 方青, 梁惠玲, 等. 2004. 固定化酶膜催化茶多酚形成茶黄素反应条件优选. 茶叶科学, 24(2): 129-134.

宛晓春. 2003. 茶叶生物化学. 3 版. 北京: 中国农业出版社.

汪兴平, 周志, 莫开菊, 等. 2002. 茶叶有效成分复合分离提取技术研究. 农业工程学报, 18(6): 131.

汪兴平, 周志, 张家年. 2001. 微波对茶多酚浸出特性的影响研究. 食品科学, 22(11): 19-21.

王传金, 魏运洋, 朱广军, 等. 2007. 聚酰胺色谱法分离制备高纯度表没食子儿茶素没食子酸酯. 应用, 24(4): 443-446.

王栋. 2010. 乌龙茶中茶多酚和芳香物质的提取及其生物活性研究. 福州: 福建农林大学.

王洪新, 戴军, 张家骊, 等. 2001. 茶叶儿茶素单体的分离纯化及鉴定. 无锡轻工大学学报, 20(2): 117-121.

王霞, 高丽娟, 林炳昌. 2005. 表没食子儿茶素没食子酸酯(EGCG)的分离与制备. 食品科学, 26(9): 242-246.

夏涛, 童启庆, 萧伟祥. 2000. 悬浮发酵红茶与传统红茶品质比较研究. 茶叶科学, 20(2): 105-109.

萧力争, 肖文军, 龚志华, 等. 2006. 膜技术富集儿茶素渣中茶氨酸效应研究. 茶叶科学, 26(1): 37-41.

萧伟祥, 钟瑾, 胡耀武, 等. 2001. 双液相系统酶化学技术制取茶色素. 天然产物研究与开发, 13(5): 49-52.

萧伟祥, 钟瑾, 汪小钢, 等. 1999. 应用树脂吸附分离制取茶多酚. 天然产物研究与开发, (6): 44-49.

邢子玉, 高梦祥. 2018. 超声波和机械化学法辅助提取低值茶叶中茶多酚的工艺研究. 长江大学学报(自科版), (6): 58-61.

徐向群, 陈瑞锋, 王华夫. 1995. 吸附茶多酚脂的筛选. 茶叶科学, 15(2): 137-140.

阎立峰, 陈文明. 1998. 超临界流体技术进展. 化学通报, (4): 10-14.

杨爱萍, 王清吉, 锁守丽, 等. 2002. 茶多酚提取、分离工艺研究. 莱阳农学院学报, 19(2):

106-107.

杨贤强, 王岳飞, 陈留记, 等. 2003. 茶多酚化学. 上海: 上海科学技术出版社: 109-386.

杨焱, 宓晓黎. 1997. 茶叶中儿茶素的提取和纯化工艺研究综述. 茶叶通报, 19(4): 34-36.

余科义, 岳振超, 薄新党. 2019. 植物挥发油的提取技术研究进展. 农村经济与科技, 30(11): 68-70.

余兆祥, 王筱平. 2001. 复合型沉淀剂提取茶多酚的研究. 食品工业科技, 22(3): 32-34.

张琪, 刘珺, 吕玉宪, 等. 2019. 超临界流体工艺萃取茶叶香气成分. 食品研究与开发, 40(6): 105-110.

张盛, 刘仲华, 黄健安, 等. 2002. 吸附树脂法制备高纯儿茶素的研究. 茶叶科学, 22(2): 125-130.

张盛, 刘仲华, 黄健安, 等. 2003. 高ECG型儿茶素纯化工艺研究. 湖南农业大学学报(自然科学版), 29(2): 144-146.

张肃, 梁刚, 雷耀兴. 2003. 从广西绿茶中提取茶多酚及分离单体成分. 广西医科大学学报, 20(6): 891-892.

张筱璐. 2013. 绿茶多酚的膜法提取纯化工艺研究及 5t/a 生产线设计. 合肥: 合肥工业大学.

张星海, 周晓红, 王岳飞. 2006. 高纯度茶氨酸分离制备工艺研究. 茶叶, 32(4): 206-209.

张莹, 施兆鹏, 聂洪勇, 等. 2003. 制备型逆流色谱分离绿茶提取物中儿茶素单体. 湖南农业大学学报, 29(5): 408-411, 417.

赵天明. 2016. 植物精油提取技术研究进展. 广州化工, 44(13): 16-17, 44.

郑国斌. 2005-12-14. 茶氨酸的制备方法: 中国, CN1706816A.

郑琳. 2011. 提取制备低乙酸乙酯高 EGCG 的儿茶素的工艺研究. 重庆: 西南大学.

郑尚珍, 孟军才, 王定勇, 等. 1996. 绿茶中茶多酚的提取工艺研究. 西北师范大学学报(自然科学版), 32(3): 40-42.

钟世安, 周春山, 杨娟玉. 2003. 高效液相色谱法分离纯化酯型儿茶素的研究. 化学世界, 44(5): 237-239.

周军, 李湘洲, 李玮昱, 等. 2015. 分子蒸馏技术精制护肤茶油工艺. 粮食科技与经济, 40(4): 66-68.

朱松, 王洪新, 陈尚卫, 等. 2007. 离子交换吸附分离茶氨酸的研究. 食品科学, (9): 124-129.

朱兴一, 顾艳芝, 谢捷, 等. 2012. 闪式提取红茶中茶黄素的工艺研究. 食品科技, 37(8): 189-192.

Abelian V H, Okubo T, Mutoh K, et al. 1993. A continuous production method for theanine by immobilized *Pseudomonas nitroreducens* cells. Journal of Fermentation and Bioengineering, 76(3): 195-198.

Ayyildiza S S, Karadeniz B, Sagcan N, et al. 2018. Optimizing the extraction parameters of epigallocatechin gallate using conventional hot water and ultrasound assisted methods from green tea. Food & Bioproducts Processing, 111: 37-44.

Brafield A E, Peney M, Wright W B. 1947. The catechins of green tea part Ⅰ. Journal of the Chemical Society: 32-36.

Brafield A E, Peney M, Wright W B. 1948. The catechins of green tea part Ⅱ. Journal of the Chemical Society: 2249-2254.

Chu D C, Kobayashi K, Juneja L R, et al. 1997. Theanine-its synthesis, isolation, and physiological activity//Yamamoto T. Chemistry and Applications of Green Tea. Boca Raton: CRC Press: 129-135.

Mondal M, De S. 2018. Enrichment of (−) epigallocatechin gallate(EGCG) from aqueous extract of green tea leaves by hollow fiber microfiltration: modeling of flux decline and identification of optimum operating conditions. Separation & Purification Technology, 206: 107-117.

Orihara Y, Furuya T. 1990. Production of theanine and other γ-glutamyl derivatives by Camellia sinensis cultured cells. Plant Cell Reports, 9(2): 65-68.

Suzuki H, Izuka S, Miyakawa N, et al. 2002. Enzymatic production of theanine, an "umami" component of tea, from glutamine and ethylamine with bacterial γ-glutamyltranspeptidase. Enzyme and Microbial Technology, 31(6): 884-889.

Vuataz L, Brandenberger H, Egli R H. 1959. Separation of the tealeaf polyphenols by cellulose column chromatography. Chromatography, 2: 173-187.

Zderic A, Zondervan E. 2017. Product-driven process synthesis: Extraction of polyphenols from tea. Journal of Food Engineering, 196: 113-122.

第 3 章　速溶茶与茶浓缩汁加工技术

速溶茶（浓缩汁）是一种以干茶或鲜叶为原料，经过提取、过滤澄清、浓缩和干燥形成的一种可速溶于水的细粉或颗粒状（高浓度液体）产品，具有健康、快捷、方便、卫生等诸多优点，可实现即冲即饮，不留渣，方便与牛奶、白糖、香料、果汁等调制出各种风味的茶饮品。速溶茶研发源于 20 世纪 40 年代的英国，通过几十年的发展，已成为国际市场上重要的茶饮料类产品，美国及日本、印度、斯里兰卡、中国等亚洲茶叶生产国已成为速溶茶的主要生产国。中国速溶茶研发始于 20 世纪 60 年代，直到 90 年代中后期才得到快速发展，目前年产销量达到 2 万吨左右，成为最主要的速溶茶生产国。速溶茶生产对解决上游中低档茶出路和促进茶产业可持续发展具有重要作用。

3.1　速溶茶加工技术

早期速溶茶加工技术及设备大多沿用速溶咖啡的制造方法，但由于茶的化学组成与咖啡不同，因此初期的产品质量不能令人满意。随着现代高新技术的发展和在茶叶深加工领域的应用，近十多年来速溶茶品质有了明显的提高。

3.1.1　速溶茶加工基本原理

速溶茶加工一般以水为溶剂，通过提取将茶叶中的有效物质按一定要求萃取出来，通过过滤、澄清工序去除其中的杂物，然后通过浓缩和干燥等工序去除水分，最后形成细粉或颗粒状、具有茶叶基本风味和功能、可速溶于水的产品。其中如何将茶叶中的风味和功能成分高效浸出和尽可能减少茶叶风味品质损失的浓缩、干燥技术是获得高品质速溶茶的关键。

3.1.2　速溶茶主要产品类型

速溶茶产品类型较多。根据茶叶原料的种类不同，速溶茶可分为速溶红茶、绿茶、乌龙茶、黑茶、花茶、白茶等产品；按产品的风味要求不同，速溶茶可分为纯味（原味）速溶茶、调味速溶茶；按外观形状可分为粉状、晶体片状、颗粒状等产品；按溶解性要求可分为热溶型和冷溶型产品，其中热溶型固态速溶茶是指在（85±5）℃纯净水中能溶解，经搅拌无肉眼可见悬浮物或沉淀物的固态速溶茶,而冷溶型固态速溶茶是指(25±1)℃纯净水中能溶解,经搅拌无肉眼可见悬浮物或沉淀物的固态速溶茶(GB/T 31740.1—2015);按干燥方式可分为喷雾粉和冻干粉。

3.1.3　速溶茶加工工艺

速溶茶加工的基本工序为:茶叶筛选与处理→提取→过滤澄清→浓缩→干燥,粉状速溶茶加工工艺流程见图 3-1。

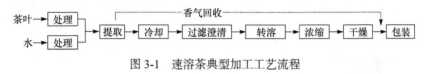

图 3-1　速溶茶典型加工工艺流程

1. 茶叶筛选与处理

茶叶原料的品质对速溶茶质量和风味特色至关重要。速溶茶作为一种饮料食品,其原料首先必须符合国家和行业茶叶相关品质、理化及卫生标准的基本要求,其次,应根据不同速溶茶风味品质要求筛选合适的茶叶原料,最后,应根据速溶茶品质与加工的要求,对所选茶叶原料进行必要的处理。

1)原料筛选

茶叶原料应根据产品的特殊要求和不同茶叶的品质特点进行有针对性的筛选。一般先根据目标产品需要,收集卫生指标、风味品质合格的原料,然后通过采购样的基本检测、茶样的拼配和审评、拼配样的放大试验、全程中型模拟试验等过程,最终确定所选茶叶原料。规模企业应建立较为完备的原料实物样品及其文字标准档案,不仅可以为产品对样提供依据,也可以为今后产品的开发提供支持。为了提高产品的稳定性和品质特色,还可将不同茶叶原料进行适当的配比,如制造红茶浓缩汁时可搭配 10%～15%的绿茶,可明显改善汤色和滋味;而在绿茶中加入 30%～40%的红茶可加工出具有乌龙茶风味的产品。

2)原料前处理

茶叶原料的外形颗粒度及其均匀性、茶叶水分等都会影响茶汤的提取和品质稳定性,因此筛选好的茶叶原料应进行必要的整理、拼配和烘焙处理。如有必要,在加工之前还要对茶叶进行复火。首先应剔除劣质茶或不符合要求的茶叶,对于匀净度差的茶叶需经筛分、风选两道工序进行处理,筛分合格的茶叶再分别上风选机进行选别,去除碎末、毛灰及非茶夹杂物。茶叶的颗粒度一般以 16～40 孔为佳,可以兼顾浸提效率、茶汤品质及便于过滤澄清操作;为了提高速溶茶风味和产品稳定性,一般应对茶叶原料进行必要的烘焙处理,以降低水分(一般低于 6%为佳),提高茶叶品质及其稳定性,去除不纯正的品质风味。然后根据生产试验配方确定的茶叶组分配比将不同茶叶进行充分的拼配和混合。

2. 茶汤提取

与液态即饮茶饮料相比,为了提高产出效率,速溶茶一般都需要进行茶汤的浓缩。因此,为了提高后段浓缩的效率,茶汤提取时应在保证茶叶品质和生产效率的基础上,对茶汤浓度也有一定的要求。

1)提取方式

速溶茶主要有提取罐单次提取、卧式连续逆流提取和立式连续多级提取等提取方式。其中提取罐单次提取方式的产量较低、劳动强度较大,而连续逆流和连续多级提取可获得品质较好、浓度较高的茶汤,劳动强度可以大大降低。

2)提取工艺参数

影响速溶茶提取的工艺因素主要包括茶水比、温度、时间和提取次数等。①茶水比。茶水比越大,同等条件下茶叶物质浸出更多,但会影响速溶茶后期的浓缩和干燥效率。速溶茶的茶水比一般为 1:10~1:20,比液态茶饮料茶水比大。②温度与时间。在相同提取方式下,提取温度与时间是最重要的影响因素,一般温度越高、时间越长,速溶茶提取得率会越高,但过高或过长会导致茶汁风味品质的明显下降。速溶茶提取的温度与时间参数应根据茶类以及产品目标要求的不同而异,一般红茶、黑茶等发酵茶、后发酵茶的提取温度高(一般为 90~100℃)、时间长(罐提一般为 15~30min),而绿茶、白茶、轻发酵乌龙茶等茶类的提取温度相对较低(一般为 80~90℃)、时间短(罐提一般为 10~20min)。另外,根据产品品质、产出得率的不同要求,提取温度和时间也会略有不同。③提取次数。为提高产品的得率,罐提方式会采用 2~3 次的多次提取方法。

图 3-2　旋转锥蒸馏塔

3)提取过程的香气回收技术

由于茶叶香气容易在提取、过滤和浓缩等加工过程中损失,因此可结合提取工序,采用专门的香气回收系统(ARS)收集茶叶香气,然后将香气回加到浓缩汁中,可提高速溶茶和茶浓缩汁的香气品质。如旋转锥蒸馏塔(spinning cone column,SCC)是一种较好的茶叶香气回收系统。SCC 是一种独特有效的液-气接触装置(图 3-2),通过高速旋转将茶汁形成很薄的液面,茶叶中的芳香类物质瞬间从塔体中提取出来,经冷凝,贮藏收集在理想的容器中。这些香气物质可回填到茶浓缩汁中,也可作为天然香精的粗产品。

3. 除渣与冷却

不论采用何种提取设备，在提取之后和冷却之前通常都应设有茶汁与茶渣分离的作业过程。一般首先将提取设备中的茶汁排净，去除绝大多数茶叶，然后采用不锈钢制造的平筛、回转筛和振动筛来滤除茶汁中的茶渣，筛网孔径一般为32～60目（0.5～0.25mm）。为了提高产出效率，还可以采用压榨技术进一步榨出茶叶中的茶汁，回收到提取茶汁中。

茶汁的提取温度一般都较高，为了防止长时间的高温静置引起茶汁氧化褐变，提取后需要对茶汁进行冷却。通常采用板式或管式热交换器进行冷却，以自来水或冷冻水作介质。冷却温度一般要求低于室温，并应尽量控制冷却的时间。

4. 过滤澄清（转溶）

1）过滤澄清方式

与液态罐装茶饮料的工艺参数相似，通常包括粗滤（或预滤）和精滤两个过程。茶汁粗滤（或预滤）一般采用一定目数的不锈钢筛网或铜丝网预滤和低速离心过滤；精滤可采用高速离心、板框式压滤机过滤和微孔过滤器过滤等方式。

2）过滤澄清工艺参数

粗滤（或预滤）一般采用300目左右的不锈钢筛网或铜丝网预滤后，4000r/min离心过滤。目前精滤多采用高速离心机和微孔过滤器。对澄清度要求不高的产品可采用大于6000r/min的高速离心机对茶汁进行澄清处理，要求较高的产品可采用微滤或超滤。过滤孔径一般应＜10μm，具体应根据茶类的不同和产品要求不同而异，如绿茶茶汤可采用10万～20万分子量的超滤，或0.1～0.2μm的微滤处理，精滤后的茶汁应澄清透明，无浑浊或沉淀。过滤温度应低于室温（＜25℃），并尽量控制过滤时间，以防止风味品质的破坏和微生物的滋生。

3）转溶

冷溶型速溶茶是指25℃纯净水中能溶解，经搅拌无肉眼可见悬浮物、沉淀物的固体速溶茶（GB/T 31740.1—2015），而优质原料加工的速溶红茶往往易产生冷后浑浊现象，为此，需要对茶汁进行转溶技术处理，主要采用低温沉淀法、碱转溶法、添加剂法、生物酶转溶法和工艺控制法等，目前生产上多采用碱转溶法或生物酶转溶法。碱转溶法一般添加氢氧化钠或碳酸氢钠等对茶汤进行处理，简单方便，但对风味品质影响较大。生物酶转溶法一般采用单宁酶或含单宁酶的复合酶制剂对茶汤进行处理，对茶汤风味品质影响较小。图3-3中单宁酶处理茶汤后，茶汤的沉淀量可减少到对照的15%左右，茶汤亮度显著提高。单宁酶处理后，茶汤会出现酸化现象，一般处理后应进行酸度的调整处理。

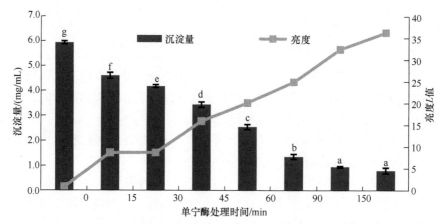

图 3-3　单宁酶处理时间对茶汤明亮度和沉淀量的影响

图中不同小写字母表示不同处理间存在显著差异（$P<0.05$）

5. 茶汁浓缩

常规提取的茶汁固形物含量一般为 1%～5%，为提高干燥效率，茶汁的浓度一般都远高于提取浓度，如喷雾干燥速溶茶在干燥工序前一般要求茶汁固形物含量达到 25%～30%，冷冻干燥速溶茶一般也要求茶汁固形物含量达到 12%以上，因此需要经过浓缩工序。

1）浓缩方式

食品浓缩技术一般有蒸发、冷冻和膜分离三种，目前速溶茶浓缩主要采用蒸发浓缩和膜浓缩。①蒸发浓缩。蒸发浓缩是在减压条件下加热物料，降低物料沸点温度，使物料中的水分迅速蒸发的一种方法，主要包括离心式薄膜蒸发器、管式降膜蒸发器、管式升膜蒸发器和板式蒸发器等设备。速溶茶蒸发浓缩主要采用双效或三效管式降膜蒸发器、离心薄膜蒸发器等设备，这种方法对茶汁风味品质的影响较大，特别是香气的保留率较低，主要用于低档速溶茶的加工。②膜浓缩。膜分离技术是利用膜只能透过溶剂的性质，对溶液施加压力以克服溶液渗透压，使溶剂通过膜而从溶液中分离出来的过程。膜分离技术具有无相变、不带入化学成分、操作简单、能耗低、品质好等优点，近年来逐渐在茶汁澄清和浓缩方面得到广泛应用，可以获得较高品质的茶浓缩汁。

2）浓缩工艺参数

蒸发浓缩的温度和真空度是影响浓缩效率和产品品质的关键，应尽量采用低温高蒸发量的高效设备，减少热对茶汁风味品质的影响。浓缩温度一般应控制在45～60℃，不宜超过 70℃，真空度一般低于 0.09MPa。膜浓缩应注意膜材料及其孔径参数的选择，由于高浓度茶汁的黏度较高，通常应选用管式膜或卷式膜，避免选用中空纤维膜，对浓度低于 15°Bx 的产品可采用反渗透膜处理（图 3-4）；对

浓度高于 20ºBx 的产品可采用纳滤膜材
料，或结合蒸发浓缩进行。采用反渗透
膜浓缩的操作压力一般为 1～10MPa，
而采用纳滤膜浓缩的操作压力一般为
0.5～2.0MPa。操作温度一般应低于
35℃，单次处理的时间一般不超过 1h
为佳。

6. 灭菌与干燥

速溶茶作为一种粉状固体速溶饮
品，需要进行必要的灭菌处理和干燥。

1）灭菌

对于卫生指标可达到标准的茶浓缩

图 3-4　反渗透膜浓缩设备

汁而言，可以直接干燥。但大多数应进行适当的瞬间灭菌，以防微生物繁殖，一
般采用管式或板式超高温（UHT）瞬时灭菌设备，工艺参数一般采用 135℃、10～
15s。经冷却后置于洁净的暂存罐中，准备进行干燥。

2）干燥

干燥前的茶浓缩汁固形物含量一般为 15%～40%，茶汁必须通过干燥除去茶
汁中的水才能成为固态速溶茶。干燥是固态速溶茶产品的主要工序，对茶的风味
品质、外形和速溶性等都有较大的影响。

目前速溶茶干燥主要采用热风喷雾干燥和真空冷冻干燥两种方法。两种方法
干燥的速溶红茶粉主要成分如表 3-1 所示。喷雾干燥具有设备投资成本低、效率
高、溶解性较好、可连续大规模生产等优点，是速溶茶常用的方法，但风味品质
相对较差，主要化学成分的保留较少；真空冷冻干燥的品质较好，但生产成本较
高，近年来逐渐开始对速溶茶规模化应用。为了保证产品的速溶性、流动性，速
溶茶的容重一般控制在 8～12g/100mL 为佳；为便于运输和贮藏，水分一般应控
制在 4%以下（小于 3%为佳）。

表 3-1　不同干燥方法的速溶红茶粉主要成分（单位：%）

干燥方法	水分	氨基酸	茶多酚	茶黄素	茶红素	茶褐素
冷冻干燥	2.50	6.42	40.64	0.826	11.63	12.64
喷雾干燥	4.15	6.12	39.96	0.814	11.27	12.47

（1）喷雾干燥工艺参数。速溶茶喷雾干燥一般采用高速离心盘或高压喷头使

茶液滴雾化，在高温热风作用下快速蒸发脱水干燥，经收集形成粉状或细颗粒茶粉。喷雾干燥一般包括茶液的雾化、茶液与热风的接触、茶液的蒸发脱水和干燥、干燥茶粉的收集等四个过程。速溶茶的风味品质、容重与控制水分含量是影响速溶茶质量的主要考虑因素，干燥设备和进口温度、进料量、压力等工艺参数是速溶茶喷雾干燥的主要控制参数。通常喷头的喷射压力为 1～3MPa，离心喷雾盘的转速为 10000～30000r/min，进口温度一般控制在 220～250℃，出口温度为 80～100℃。另外，速溶茶喷雾干燥应根据茶浓缩汁的浓度，对进口温度、进料量、压力等参数进行调整，所采用的应用工艺参数与喷雾塔的塔高等设计尺寸有直接关系。通常浓度高时，可增加进料量，适当降低温度。喷雾塔高对于操作温度的影响较大，提高塔的高度可以降低操作温度。

此外，为获得流动性较好的大颗粒产品，需要进行造粒处理。速溶茶造粒一般有以下几种方法：第一种是在干燥前饱充氮气或二氧化碳和加入一定量的 β-环糊精，直接通过喷雾进行一次造粒；第二种是采用沸腾造粒机将传统方法生产的喷雾干燥粉进行沸腾造粒（二段式）；第三种是将传统方法生产的喷雾干燥粉进行干法或湿法再次造粒（二次造粒）。第一种方法生产的速溶茶品质最佳，第三种方法加工的产品品质最差。

（2）冷冻干燥工艺参数。速溶茶真空冷冻干燥技术是在低温、真空状态下将冻结茶汁中的水分直接从固态升华为气态而干燥茶汁的一种技术，真空冷冻干燥设备如图 3-5 所示。真空冷冻干燥一般包括三个步骤：①预冻，将浓缩茶汁完全冻结；②初级干燥，通过加热和抽真空升华，采用蒸汽凝结器（冷阱）收集水分；③次级干燥，去除结合水及固体物质中的残留水分。真空冷冻干燥技术能最大限度地保持茶汁的色、香、味等风味品质，速溶性极佳，是目前最先进的一种干燥方式。

影响冷冻干燥速率和速溶茶品质的因素主要有茶汁浓度、装料厚度、冻结速率、加热温度和操作压力。茶汁浓度对冻干的效率和产品的物理性状及其溶解性有明显的影响，因此为提高生产效率和保证产品质量，通常茶汁浓度控制在 15～25°Bx 为佳；增大物料的表面积，减少厚度可以提高干燥速率，但影响单位产量，通常装料厚度为 10～15mm（表 3-2）；冻结速率不同，形成的冰晶体大小、数量及其分布也不同，成品茶粉的质地、溶解度和均匀性也不一样，一般茶汁的冻结时间为 1h；由于浓缩茶汁的共熔点为 -17～-20℃，因此，茶浓缩汁的冻结温度应低于 -20℃，一般在 -30～-40℃范围内。冷阱的温度一般为 -60～-80℃。为了降低温度对茶粉质量的影响，加热过程中茶粉的温度应控制在 45℃以内；冻干的操作压力应低于 100Pa，通常采用 40Pa。为解决传热问题，可采用 6.67～66.7Pa 的压力循环方法（循环周期 5min），可缩短干燥时间 15%。

图 3-5　真空冷冻干燥设备

表 3-2　茶汁厚度与冻干时间的关系

茶汁厚度/mm	5	10	15	20
冻干时间/h	6.0	8.5	12.5	18.0

7. 包装与贮藏

速溶茶有片状、颗粒状和粉末状，应根据市场消费和产品特点选用不同的包装形式。由于速溶茶是极易吸湿的产品，包装材料和容器应具有较好的阻隔性能，可选用铝箔、尼龙、聚酯等多层复合材料进行包装，且应严格密封。包装好的产品应放置在干燥、阴凉处，尽量减少品质的下降。

另外，速溶茶产品可以通过调配或不调配处理，包装成市场上需要的各种终端固体饮料产品（图 3-6）。

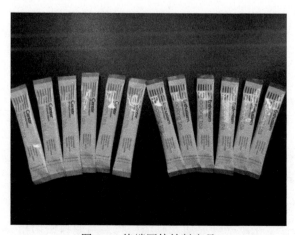

图 3-6　终端固体饮料产品

3.2　茶浓缩汁加工技术

　　茶浓缩汁是一种经过浓缩的液态茶产品，可节约贮存容器和包装运输费用，满足各种饮料加工用途的需要，同时可以减少速溶茶加工和使用中出现的除水和复溶的过程，不仅可以减少能耗，提高生产效率，产品质量也可以明显提高。随着茶饮料产业的发展和生产管理模式的改变，近些年来茶饮料产业已逐渐向"集中生产主剂，分散灌装产品"的生产方式转变。茶浓缩汁正是在这种市场需求中孕育而成的产品，也是速溶茶之外的一种替代和转型换代产品。

3.2.1　茶浓缩汁加工原理与主要产品

1. 加工原理

　　茶浓缩汁一般以水为溶剂，通过提取将茶叶中的功效物质按一定要求萃取出来，通过过滤、澄清工序去除其中的杂物，然后通过浓缩工序去除部分水分，最后通过灭菌形成一种具有茶叶基本风味和功能、可速溶于水的高浓度液态茶产品。

2. 主要产品

　　根据茶叶原料的种类不同，茶浓缩汁可分为红茶、绿茶、乌龙茶、黑茶、花茶、白茶等不同浓缩汁产品；按茶叶原料的风味调配要求不同，可分为纯味（原味）茶浓缩汁、调味茶浓缩汁；根据不同企业对不同产品的不同要求，目前一般可分为低浓度浓缩汁（8～12°Bx）、中浓度浓缩汁（20～30°Bx）、高浓度浓缩汁（40～50°Bx）等几种。

3.2.2　茶浓缩汁加工工艺

　　茶浓缩汁加工的基本工序为：茶叶筛选与处理→提取→过滤澄清→浓缩→灭菌→包装。具体的加工工艺流程见图 3-7。

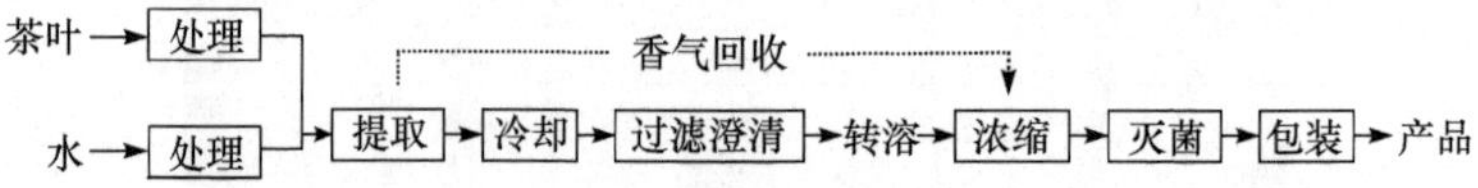

图 3-7　茶浓缩汁典型加工工艺流程

1. 原料的筛选与处理

1）原料的筛选

　　与速溶茶一样，茶浓缩汁品质及其风格特点与原料密切相关，因此根据产品目标要求，对原料的筛选至关重要。一般应在综合分析和考虑茶浓缩汁目标产品的品质、价格、风格特点等需求的基础上，有针对性地收集不同地域、品种、季节和嫩度的茶叶原料进行分析和评价，然后进行筛选，为提高批量浓缩汁产品的稳定性或产品风格特殊性，还可以对茶叶进行适当的拼配处理。

2）原料的处理

作为一种液态产品，茶浓缩汁对体系稳定性的要求比速溶茶更高，因此筛选好的茶叶更应进行必要的整理、拼配和烘焙处理，如有必要，在加工之前还要对茶叶进行复火。为了便于茶叶的加工和保持茶汁品质的稳定，应根据提取和过滤等工艺的要求对茶叶进行整理，去除碎末、毛灰和非茶夹杂物，使茶叶外形基本均匀。为了提高茶饮料风味和产品稳定性，应将筛选好的茶叶进行充分的拼配和必要的烘焙处理，烘焙处理工艺参数与传统速溶茶基本相同。

2. 提取

为了提高后段浓缩的效率，茶汤提取时应在保证茶叶品质和生产效率的基础上，尽量提高茶汤的浓度。在提取方式上，宜采用连续逆流提取和连续多级提取，可连续获得品质较好、浓度较高、得率不低的茶汤；在工艺参数上，一般通过降低茶水比或提取次数，如采用传统间隙式单灌提取时，茶水比一般为 1:10～1:20，而提取温度和时间与液态即饮茶饮料基本相似（见液态茶饮料加工），如生产纯茶浓缩汁应在保证一定生产效率的基础上尽量降低提取温度和时间，以提高产品质量。

此外，为提高茶浓缩汁的香气品质，也可结合提取工序，采用专门的香气回收技术和设备收集茶叶香气，然后将香气回加到浓缩汁中，可提高茶浓缩汁的香气品质（见速溶茶加工）。

3. 过滤澄清

与速溶茶的过滤澄清工艺方式相似，茶汁浓缩通常也包括粗滤（或预滤）和精滤两个过程。粗滤（或预滤）一般采用 300 目的不锈钢筛网或铜丝网预滤和3000～4000r/min 的离心过滤；精滤一般采用高速离心机和微孔过滤器，对澄清度要求不高的产品也可采用大于 6000r/min 的高速离心机对茶汁进行澄清处理。过滤孔径一般应<10μm，以 0.1～2.0μm 为佳，绿茶等不发酵茶过滤孔径应小些，红茶和黑茶等发酵或后发酵茶过滤孔径应大些，如绿茶可采用 10 万～20 万分子量的超滤，而红茶或黑茶一般应采用 0.5～2.0μm 微滤。

4. 浓缩（转溶）

1）浓缩方式

目前茶浓缩汁主要采用蒸发浓缩和膜浓缩两种方式，具体应根据产品的品质及浓度要求来确定浓缩方法。两种浓缩工艺对绿茶浓缩汁产品香气的影响如表 3-3

所示。通常蒸发浓缩可将茶汁浓缩到 40～50°Bx，风味品质较差，而膜浓缩茶汁的浓度一般不高于 20°Bx，风味品质相对较好。目前常用的方式有三种：第一种是高品质茶浓缩汁一般用膜浓缩，浓缩汁浓度一般在 12～15°Bx；第二种是膜浓缩耦合蒸发浓缩，可获得品质、浓度都较高的产品，浓缩汁浓度一般在 18～25°Bx；第三种采用蒸发浓缩为主，浓缩汁浓度可达到 30°Bx 以上，品质相对较差。

表 3-3　不同浓缩工艺对绿茶浓缩汁产品香气的影响

香气成分	蒸发浓缩/（mg/kg）	膜浓缩/（mg/kg）
乙酸乙酯	0.0754	0.2861
1-戊烯-3-酮	未检出	0.2997
反-3-戊烯-2-酮	未检出	0.1593
4-甲基-3-戊烯-2-酮	未检出	0.2453
1-丁醇	未检出	0.3002
1-戊烯-3-醇	0.2603	2.8221
1-戊醇	0.0587	0.4812
2-戊烯-1-醇	未检出	0.8384
芳樟醇	0.1345	1.3142
顺-3-己烯醇	未检出	0.5775
香叶醇	0.0629	0.4576
苯甲醇	未检出	0.3998
苯乙基乙醇	0.1011	0.3304

2）浓缩工艺参数

①蒸发浓缩。采用蒸发浓缩生产茶浓缩汁时应尽量减少热对茶汁风味品质的影响，温度一般控制在 35～55℃，不宜超过 60℃，真空度约为 94.7kPa，在此之前应进行适当的瞬时灭菌和冷却，以防微生物繁殖。②膜浓缩。膜设备及操作工艺参数对膜浓缩都有较大的影响。首先应注意膜材料、结构及其孔径参数的选择，由于茶浓缩汁的黏度较高，通常应选用管式膜或卷式膜等抗污染能力强的膜形式，避免选用中空纤维膜，浓度低于 15°Bx 的产品采用反渗透膜即可，对浓度高于 20°Bx 的产品可选用纳滤膜材料。此外，操作压力和茶汤控制温度是影响茶汁浓缩的主要因素。对浓度低于 10°Bx 的产品采用一级反渗透膜处理即可，对高于 20°Bx 的产品可采用膜浓缩联合蒸发浓缩的方法。采用反渗透膜浓缩的操作压力一般在 1～10MPa，而采用纳滤膜浓缩的操作压力一般在 0.5～2.0MPa。操作温度一般应低于 35℃，单次处理的时间一般不超过 1h 为佳。

3）转溶处理

与速溶茶相比，茶浓缩汁为液体，体系稳定性较差，在贮藏过程中更易发生浑浊和产生沉淀，因此需要进行必要的转溶处理，主要有低温沉淀法、碱转溶法、添加剂法和生物酶转溶法等方法。①低温沉淀法：在低温下去除沉淀物质，从而提高茶浓缩汁的贮藏稳定性，但损失较大。②碱转溶法：添加氢氧化钠等碱性物质，减少茶汁的浑浊和沉淀，对品质的影响较大（见速溶茶转溶）。③添加剂法：一般是添加可溶性糖类和多糖、淀粉等高分子化合物等物质来减少沉淀的产生，但对风味会有较大的改变。添加不同可溶性糖对绿茶浓缩汁沉淀形成的影响见表 3-4。④生物酶转溶法：一般采用单宁酶或含单宁酶的复合酶制剂对茶汤进行处理，可以明显减少茶汁的沉淀。目前较为先进的处理方法是采用低温离心耦合生物酶解的复合转溶法。该法是首先采用低温高速离心方法对初步浓缩至 $8\sim10°Bx$ 的浓缩汁进行离心，然后将沉淀物采用单宁酶等酶转溶后再回填至原液中。该法具有品质好、损耗低、环保等优点。

表 3-4　添加可溶性糖对绿茶浓缩汁沉淀形成的影响

添加量/（g/100mL）	麦芽糖/（mg/mL）	葡萄糖/（mg/mL）	蔗糖/（mg/mL）	果糖/（mg/mL）
0	77.9±2.15[a]	77.8±3.55[a]	78.1±3.33[a]	76.1±1.82[a]
20	53.5±0.81[a]	52.7±1.62[a]	32.7±2.76[b]	15.2±1.04[c]
30	48.9±0.66[a]	45.1±1.30[b]	22.9±5.21[c]	8.70±1.43[d]
40	43.8±1.52[a]	39.8±1.30[b]	10.6±1.36[c]	11.0±1.60[c]
50	37.9±2.84[a]	37.3±1.88[a]	11.4±3.30[b]	10.7±0.89[b]

注：图中数据为三个平均值，同一行中相同字母表示差异不显著（$P\geqslant0.05$）。

5. 灭菌和灌装

茶浓缩汁浓度达到产品标准后泵入贮罐，对纯茶浓缩汁即可进行灌装，调味型茶浓缩汁还需经过一定的调配。由于茶浓缩汁以液体状态进行贮藏和运输，因此灌装之前需要进行必要的灭菌处理，并采用相对稳定和牢固的包装材料。通常采用无菌包装、无菌化包装和热灌装等三种方式。

无菌包装系统由灭菌冷却机和无菌包装机组成（两种进口无菌包装机规格性能见表 3-5）。浓缩汁经过灭菌冷却后，在无菌条件下装入预先灭菌的无菌大袋（置于铁桶内）内，然后加以密封。

表 3-5　进口无菌包装机规格性能

机型	产能/（包/h）	耗汽量/（kg/h）	电力/（kW）	耗气量/（m³/袋）	耗水量/（L/min）	生产国
Tetra Star Asept	—	20（0.4MPa）	5	20（0.6MPa）	17	瑞典
Elopo AS-11-250/2	250（20L）；50~60（200L）	50（0.6MPa）	6	10（0.8MPa）	3.5	意大利

无菌化包装是一种准无菌包装,一般是指浓缩汁在灭菌后的加工及浓缩中不受污染,包装材料经过严格消毒,并在洁净室内进行灌装的包装方式。

热灌装与液态茶饮料的加工工艺参数基本相似(见液态茶饮料加工),也可长期保持无菌状态,但对品质的影响要大于无菌包装。

6. 产品检验

对产品的净重和包装等进行检验,对合格产品进行打印和装箱,并按产品标准要求对产品的感官、理化和卫生指标进行抽样检测,合格批次的产品可进入仓库贮藏待运,不合格批次的产品按企业质量管理制度和规定进行处理。

第4章　液态茶饮料加工技术

液态茶饮料是以茶叶的水提取液或其浓缩液、茶粉等为主要原料，加入水、糖、酸味剂、食用香精、果汁、乳制品、植（谷）物的提取物等，经加工制成的液体饮料（见 GB/T 21733—2008）。随着社会经济的发展和人们生活水平的提高，具有天然、方便、健康、快捷等特点的茶饮料产品得到消费者的青睐，成为国际软饮料市场上增长速度最快、最主要的饮料产品之一。

4.1　发展概况与主要产品类型

4.1.1　发展概况

工业化生产的液态茶饮料最早出现在 20 世纪 70 年代的美国市场，主要采用速溶茶或浓缩汁以及香料和甜味剂等原料开发生产瓶装或罐装充气冰茶饮料，但仅仅作为软饮料的一个品种，当时并不特别引人注目。20 世纪 80 年代初，日本首先成功开发罐装乌龙茶饮料，产品深受消费者喜爱，产销量得到快速而持续的增长，开启了现代液态茶饮料发展的里程碑。随后罐装茶饮料在东南亚及欧美等地逐渐得到发展，使得具有天然、快捷、方便和健康特色的茶饮料成为深受消费者欢迎和发展前途广阔的软饮料新品种。

中国茶饮料产业起步较晚，但是自 21 世纪以来，茶饮料以年均超过 20%的增长率快速增长。2000 年产销量超过 185 万吨，2018 年已达到 1400 万吨左右，我国茶饮料近些年的产销量为软饮料总量的 8%～10%。目前我国已成为国际上规模最大的茶饮料生产国家，但与日本等茶饮料发展较好的国家相比，我国茶饮料行业还存在以下问题：①人均消费量不高。日本每年人均消费茶饮料达到 40L，而中国目前每年人均消费量不足 15L，还有很大的提升空间。②高品质无糖茶饮料产品较少。日本茶饮料产品以无糖茶饮料为主，特别是高品质的纯茶饮料，只有少量的调味型茶饮料，而中国仍然以调味型含糖茶饮料为主，虽然无糖茶饮料这几年也开始快速增长，但是整体比例较低，特别是高品质的纯茶饮料更是很少。

4.1.2　主要产品类型

目前国内外市场上液态茶饮料产品的花色品种繁多，不下几百种，但主要分为纯茶饮料、调味茶饮料和保健型茶饮料等三类产品。由于茶饮料发展阶段、消费水平和习惯等差异，不同国家茶饮料产品的种类、数量也各不相同。目前日本有各类茶饮料 200 多种，其中纯茶饮料超过 70%，近年来具有保健作用的茶饮料产销量增加较快；而欧美国家目前仍以风味多样的混合调味茶为主。茶饮料包装主要有纸塑无菌包装、PET（聚对苯二甲酸乙二醇酯）塑料包装和金属罐装等，多数以 PET 塑料包装为主，主要有 350mL、500mL、1200mL、1500mL 等规格。

中国茶饮料按产品风味主要可分为茶饮料（茶汤）、调味茶饮料、复（混）合茶饮料、茶浓缩液等几大类。其中茶饮料（茶汤）分为红茶饮料、绿茶饮料、乌龙茶饮料、花茶饮料、其他茶饮料；调味茶饮料分为果汁茶饮料、果味茶饮料、奶茶饮料、奶味茶饮料、碳酸茶饮料和其他调味茶饮料（GB/T 21733—2008）。目前中国茶饮料仍以调味混合茶饮料为主，但近年来纯绿茶的比例增加较快。

4.2　茶饮料用原料与处理技术

4.2.1　茶叶

茶叶原料的品质对茶饮料类产品特别是纯茶饮料的质量和特色至关重要。不同鲜叶和不同工艺加工的茶叶原料所含的化学成分含量及其组成各不相同，导致了茶叶品质上的悬殊差异。与此同时，液态茶饮料作为直接饮用的饮料对安全卫生有严格的要求。因此，茶饮料用原料茶首先必须符合国家和行业有关品质、理化及卫生标准的基本要求，其次应根据不同茶饮料的风味品质要求筛选合适的茶叶原料。

1. 基本要求

1）理化指标基本要求

茶叶理化指标是茶叶质量的最基本检验指标，主要包括茶叶含水量、总灰分含量、碎茶和粉末含量等参数。众所周知，茶叶含水量会直接影响贮藏过程中的茶叶风味品质，茶叶含水量越高，品质变化越大，除花茶外茶叶含水量应低于7.0%。总灰分是茶叶经高温（525℃±25℃）灼烧后残留物的含量，总灰分含量高是茶叶粗老、品质差的反映。为了减轻茶饮料生产过程中的过滤负担，改善茶饮料的口感，茶叶颗粒度宜控制在 0.3mm（60 目）以内，尽量减少粉末含量。

2）安全卫生指标基本要求

随着生活水平的提高，人们对食品卫生安全提出了更高的要求。目前对茶叶原料的卫生要求主要包括铅、砷、镉等重金属限量标准、农药残留限量标准和微生物指标等。

（1）茶叶重金属限量指标。茶叶重金属主要来自种植过程中茶树对土壤、环境、水、肥料和化学农药中重金属的吸收以及茶叶加工过程中接触的金属设备和容器的金属污染，许多重金属在环境和人体内不易降解，超标将危及人体的健康。由于茶叶中许多重金属在浸提过程中都有一定比例的溶出，我国对茶叶中的铅、铬、镉、汞、砷等含量都有一定的限制，限制含量分别为 5.0mg/kg（GB 2762—2017）、5.0mg/kg、1.0mg/kg、0.3mg/kg 和 2.0mg/kg（NY 659—2003）。

（2）茶叶农药残留限量标准。农药残留是指茶园喷施农药后遗留在茶叶上的各类农药含量。日本对茶饮料用茶叶原料的农药残留量限定非常严格，限定了 47 种残留农药的检出界限。我国虽然没有对茶饮料用原料的农药残留量进行限定，但对茶叶中的农药最高残留限量作出了明确规定，见表 4-1。

表 4-1　茶叶农残国家限量标准（GB 2763—2016）

农药名称	指标/（mg/kg）	农药名称	指标/（mg/kg）
苯醚甲环唑	10	氯氟氰菊酯和高效氯氟氰菊酯	15
吡虫啉	0.5	氯菊酯	20
吡蚜酮	2	氯氰菊酯和高效氯氰菊酯	20
草铵膦	0.5	氯噻啉	3
草甘膦	1	氯唑磷	0.01
虫螨腈	20	灭多威	0.2
除虫脲	20	灭线磷	0.05
哒螨灵	5	内吸磷	0.05
敌百虫	2	氰戊菊酯和 S-氰戊菊酯	0.1
丁醚脲	5	噻虫嗪	10
啶虫脒	10	噻螨酮	15
多菌灵	5	噻嗪酮	10
氟氯氰菊酯和高效氟氯氰菊酯	1	三氯杀螨醇	0.2
氟氰戊菊酯	20	杀螟丹	20
甲胺磷	0.05	杀螟硫磷	0.5
甲拌磷	0.01	水胺硫磷	0.05
甲基对硫磷	0.02	特丁硫磷	0.01
甲基硫环磷	0.03	辛硫磷	0.2

续表

农药名称	指标/（mg/kg）	农药名称	指标/（mg/kg）
甲氰菊酯	5	溴氰菊酯	10
克百威	0.05	氧乐果	0.05
喹螨醚	15	乙酰甲胺磷	0.1
联苯菊酯	5	茚虫威	5
硫丹	10	滴滴涕	0.2
硫环磷	0.03	六六六	0.2

（3）茶叶微生物指标。通常茶叶经过合理的加工和高温干燥后微生物含量一般较低，但在包装、运输及贮藏过程中极可能造成微生物的二次污染，特别是当茶叶受潮或含水量高于 8% 时，微生物会大量滋生，并导致茶叶的发霉变质和风味劣化。茶饮料作为一种饮料食品，对微生物含量有严格的要求。根据已有研究报道，茶叶原始菌含量会影响饮料加工工艺参数的要求指标，因此，制定茶叶微生物指标限量，特别是限制致病菌和耐热性细菌的含量，对于正确制定和优化茶饮料的灭菌工艺技术是非常重要的。GB/T 22111—2008 规定了普洱茶中大肠杆菌的最高限量为 300MPN/100g，其他茶类也可参照。

2. 品质要求与加工处理

1）感官品质要求

茶饮料用原料与传统消费茶不同，其选择受到两大方面要求的影响，一是不同花色品种及其品质特色的要求；二是茶饮料加工和贮藏的品质要求。

（1）符合不同花色品种及其品质特色的基本要求。我国是茶叶花色品种最多的国家，根据加工技术的不同可分为六大茶类，每一种茶类又由品种、地域、土壤、季节等造成的鲜叶品质差异和加工工艺参数差异，导致成品品质各不相同。一般而言，绿茶的品质以春茶最好，秋茶次之，夏茶最差；嫩度相对高的茶叶品质较好；高山茶优于平地茶；而红茶的品质以春末和夏茶为佳，早春和秋茶为次；乌龙茶宜选用一定成熟度的对夹叶。茶原料的品质也会影响饮料的适制性，因此，应根据茶饮料的不同特色需要，选择不同的茶叶原料或茶叶原料组合。

一般而言，饮料用茶叶首先应符合该类茶的基本品质要求，然后根据产品需要筛选符合基本要求的特色茶叶。绿茶、红茶、乌龙、花茶是我国主要的消费茶类，也是制作茶饮料的主要茶叶品种。

（2）符合饮料加工和贮藏的特殊要求。茶饮料具有批量大、货架期长、冷饮、直接饮用等特点，显著不同于传统消费茶叶小众化、现泡现喝、热饮、茶叶外观要求高等特点。茶饮料用的原料一般单品的数量较大，产品风味品质稳定性高，不讲究茶叶外观，因此多数传统茶叶并不适合直接应用于茶饮料加工。因此一般通过茶叶加工工艺的改进和完善，获得饮料专用的原料茶，或者进行有针对性的筛选和加工前处理。

2）加工处理方法

茶叶原料的不同是形成不同特色茶饮料产品的最关键因素之一，因此原料的选择至关重要。为保持产品的稳定性，茶叶原料必须进行必要的处理。通过茶叶原料的筛选和处理可以达到以下两个目的：①保持产品风格与其他产品的差异性；②保持自身产品的稳定性和相对一致性。具体步骤如下：

（1）感官审评，分类归堆贮藏。对进厂的不同地区、季节、形状等的各类茶叶进行感官审评，发现有劣质茶或不符合要求的茶叶应分开堆放，不得使用。符合要求的茶叶应贮藏在干燥、无阳光直射、无异味污染的专用仓库内。

（2）茶叶整理。根据茶叶的匀净度确定处理方法。茶叶颗粒度对浸提工艺参数有明显的影响，因此对茶叶的匀净度有一定的要求，通常匀净度差的茶叶需经筛分、风选两道工序进行处理。茶饮料用茶叶的颗粒度一般在 16～40 目为佳，可以兼顾浸提效率、茶汤品质及便于过滤澄清。筛分采用平面圆筛机，通过筛分除去 40 目底的碎末茶，10 目面上茶可经过切碎后再筛分。筛分合格的茶叶再分别上风选机进行选别，去除毛灰及非茶夹杂物。

（3）原料茶烘焙和拼配。为了提高茶饮料风味和产品稳定性，一般应对茶叶原料进行必要的烘焙处理。根据茶叶水分和嫩度确定烘焙温度和时间，一般低档茶温度相对控制高些（100～120℃），高档茶应低温处理（70～90℃）。然后应根据生产试验配方确定的茶叶组分配比将不同茶叶进行充分的混合。

（4）茶叶复火。饮料加工前的茶叶含水量超过 6% 时应进行复火处理。复火的技术参数：茶叶含水量在 6% 左右时，干燥温度 110～120℃，摊叶厚度 2cm，干燥时间 12min 左右；茶叶含水量超过 7% 时，干燥温度 120～130℃，摊叶厚度 1cm，干燥时间 12min 左右。

3. 饮料专用原料茶加工新技术

以往的茶饮料基本采用传统茶叶，经筛选和饮料加工前处理而成。随着饮料加工技术要求的不断提高，对于原料也提出了更高的要求。日本是最早采用饮料专用原料的国家，其绿茶饮料用原料主要是对传统蒸青茶进行筛分、拼配、复火等精制加工而成。

2000 年后，中国农业科学院茶叶研究所等国内研究机构率先开始了饮料专用原料茶加工技术的研究工作，对品种、嫩度、加工技术等进行了系统研究，提出了自鲜叶原料开始的、具有中国特色的绿茶饮料原料茶成套加工技术。该技术主要包括选用多酚类和咖啡因含量较低、表儿茶素含量较高的茶树品种，采摘一芽三、四叶以上成熟度的茶鲜叶为原料；采用蒸汽杀青或高温热风杀青工艺、老化热揉处理结合 C.T.C.切碎新工艺；利用远红外定型干燥、微波足火等新技术将茶叶加工至足干（含水量 5%以下）。采用专用绿茶原料加工而成的纯茶饮料品质稳定性比传统茶叶原料提高 48.5%，40℃低温浸出速率提高 35.9%。

4.2.2　水

水是茶饮料加工中最重要的原料之一，在茶饮料中的比例一般超过 80%。水中的离子组成及含量、溶氧量、有机物含量以及水的 pH 值和种类等都会影响茶饮料的色泽、滋味、香气和澄清度。因此，了解茶饮料用水的要求及其选用和处理技术，对保证茶饮料的质量至关重要。

1. 基本要求

茶饮料是一种特殊的嗜好性饮料产品，对水质的要求较高。首先水的毒理性、细菌性、放射性指标应符合国家相关标准的最低要求，其次浊度、色度、臭味等感官指标应高于国家生活饮用水标准（GB 5749—2006），符合无色、无味、无浑浊沉淀等基本要求，最后对水中总矿化度特别是钙、镁、铁等离子的含量有更高的控制指标。茶饮料萃取用水的 pH 值应以 6.0~7.0 为宜，总离子含量宜低不宜高，特别是铁离子含量应低于 0.2mg/kg，总硬度（以 $CaCO_3$ 计）<50mg/L。另外，应尽量降低水中的溶氧量。

2. 主要处理方法

茶饮料用水的处理目的是去除水中的悬浮物、有机物、胶体及微生物等杂质，保持水质的稳定性和一致性，降低硬度和含盐量，杀灭微生物及排除所含空气，以达到茶饮料用水的卫生标准。根据水质情况，茶饮料用水的水处理一般要经过澄清净化、软化、消毒与灭菌等处理过程。

1）水的澄清净化

当原水中的悬浮物、有机物、胶体含量较高，不能达到国家生活饮用水卫生标准时都应进行必要的澄清净化处理。主要方法有凝聚沉淀和过滤。

凝聚沉淀是在原水中添加凝聚剂，中和水中胶体表面的电荷，破坏胶体稳定性，使胶体发生凝聚沉降，通过凝聚和静置的组合，去除微粒形成的悬浮物而澄清水质的一种方法。凝聚剂可分为无机凝聚剂和有机凝聚剂，常用的是铝盐和铁盐，如明矾、硫酸铝、硫酸亚铁等。

过滤是采用多孔介质材料截留和吸附不溶性固体物质，将固体粒子与液体分离的操作过程。过滤是用于水的除浊、改变水质的最简单的方法。水过滤常用的过滤介质有粒状介质（砂粒等）、织状介质（织布、人造纤维等）、多孔性固体介质（多孔陶瓷管等）和各类滤膜。一般过滤可以截留 10μm 以上的不溶性固体物质，微滤膜可去除 0.1～10μm 的微粒，超滤可以截留 1～100nm 的胶体、蛋白质和大分子物质。常用的过滤方法有砂滤、活性炭过滤、烧结管微孔过滤和膜滤等。砂滤的过滤介质是石英砂，对水中固体杂质的去除效果与介质的形状和粒度有关。活性炭过滤可去除水中的有机物、色素和余氯，对一般的异臭或异味也有去除作用，也可作为离子交换的预处理工序。烧结管微孔过滤滤芯为管状滤芯，可滤除大部分微细杂质和细菌。水澄清净化处理中的滤膜一般指微孔过滤膜，可以进行无菌过滤。

2）水的软化

当原水的硬度或碱度超标，水中溶解的盐类含量高时，必须对茶饮料生产用水进行软化。软化是去除水中呈现碱度和硬度的物质，包括钙、镁和钠的碳酸盐、重碳酸盐和氢氧化物的过程。常用的方法有药剂沉淀法和离子交换、电渗析和反渗透等脱盐法。

药剂沉淀法是通过加入适当的化学药剂，将溶解于水中的钙镁盐转化为几乎不溶于水的物质而沉淀出来，从而降低水的硬度和软化水的方法。常用的药剂有石灰、纯碱和磷酸三钠等。

离子交换法是利用离子交换剂软化水的一种方法。茶饮料用水通常采用离子交换树脂作为交换剂进行水的软化。离子交换树脂的种类包括阳离子交换树脂、阴离子交换树脂和特殊离子交换树脂等，应根据水质情况和不同离子交换树脂的特性进行筛选和应用。离子交换通常是在离子交换柱中进行，根据再生时树脂层的移动状况，可分为固定床、移动床和流动床三种。离子交换一般经过预处理、通液和再生等三个过程，对原水水质有一定的要求。

电渗析是利用离子交换膜的选择透过性，在直流电场作用下，以电位差为动力从溶液中分离电解质，从而使溶液淡化或精制、纯化的一种技术。原多用于海水淡化，近年来在饮料用水的软化上多用于自来水或自备水制备初级纯水。电渗析对原水浊度、余氯、铁、锰等含量都有一定要求，一般需要预处理。

反渗透是采用膜分离法软化水质的技术，为目前茶饮料用水最常用的方法之一。膜分离法是用天然或人工合成膜，以外界能量或化学位差为动力，对双组分或多组分溶质和溶剂进行分离、分级、提纯和富集的方法。反渗透膜的分离组分直径为 0.1～1.0nm，可以截留各种小分子物质，透过反渗透膜的物质几乎是纯水。根据原水质量和用水的要求，反渗透工艺可分为一级一段法、一级多段法、两级一段法和多级法。为保护反渗透膜，延长膜的使用寿命，一般在反渗透前应对原水进行预处理，并在进入反渗透膜之前加装保安过滤器，即微滤膜组件。

3）水的消毒和灭菌

通常采用膜分离法处理后，水中的微生物几乎全部去除。但一般的水处理方法还不能除尽微生物，为减少原始菌含量，防止二次污染，必须对水进行消毒和灭菌处理。常用的方法有氯消毒、高锰酸钾消毒、紫外线灭菌和臭氧灭菌。

（1）氯消毒。氯消毒的主要灭菌物质是次氯酸（HOCl），次氯酸具有很强的穿透性，能迅速进入微生物体内，破坏其酶系统而导致微生物死亡。常用的含氯消毒剂有漂白粉、次氯酸钠、液氯等。使用过程中应注意加氯时间和加氯量，一般在沉淀和过滤后的原水中加氯的消耗量小，消毒效果也好，加氯量取决于微生物种类、氯浓度、水温和 pH 值等因素，一般在水温 20～25℃、pH 值为 7 时效果较佳。

$$Cl_2 + H_2O \Longleftrightarrow HCl + HOCl \Longleftrightarrow 2H^+ + Cl^- + OCl^-$$

（2）紫外线灭菌。在紫外线的照射下，DNA 碱基能与氨基酸环状结构形成共轭双键，引起蛋白质和 DNA 链的变化，从而导致细胞死亡。以 254nm 波长的紫外线效果最好，但由于该波长的紫外线穿透力显著变弱，因此仅适合表面灭菌或用于气体和透明液体的灭菌。饮用水的紫外线灭菌主要可分为流水型、浸没型和照射型三种，常用流水型。紫外线灭菌设备简单、操作方便、比较经济、灭菌能力较强、对原水不会产生任何不良现象，因此得到广泛应用。

（3）臭氧灭菌。臭氧含有 3 个氧原子，在通常温度和压力下是不稳定的气体，容易分解成氧分子和有显著氧化能力的活性氧。臭氧的灭菌作用是通过臭氧的分解或触媒作用使微生物细胞内的蛋白质或 DNA、RNA 受到氧化损伤，细胞壁和细胞膜分解，导致酶和菌的失活。

臭氧在水中的灭菌效果较强，溶解于水中的方法主要有扩散法、喷射法和管路加压法等。臭氧灭菌能力很强，仅次于氟，优于氯。除耐热性芽孢菌外，几乎所有微生物与浓度 0.3～1.0mg/L 的臭氧水接触 20～30s 即可被杀灭。臭氧灭菌不会残留有害物质，可与紫外线灭菌组合使用。

4.3 纯茶饮料加工技术

纯茶饮料是指采用茶叶为原料，在加工中不添加任何其他调味辅料的茶饮料，包括红茶、乌龙茶、绿茶和花茶等饮料。

4.3.1 纯茶饮料加工工艺设计原则

受传统消费习惯的影响，纯茶饮料产品需尽量体现原茶的品质风格，而茶叶对热敏感度高，茶汤的感官风味品质极易受高温的影响。因此，纯茶饮料的加工工艺设计应侧重于茶汤的感官品质，在达到基本食品卫生要求、保证茶叶品质和生产效率的基础上宜尽量采用低温、短时、高效的加工新技术和新工艺，应选择采用茶叶直接提取加工的方法或高品质茶浓缩汁来调配。

4.3.2　纯茶饮料加工工艺

不同纯茶饮料的工艺流程基本相同，生产主要包括茶汤制备（提取、冷却）、澄清过滤、调配、灭菌和包装、检验、装箱等作业工序，但应用控制参数略有不同。纯绿茶饮料的主要生产工艺流程如图 4-1 所示。

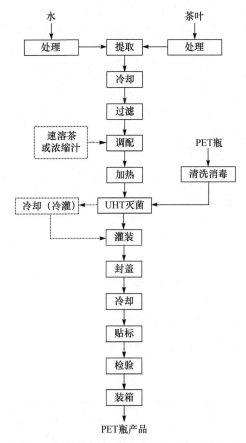

图 4-1　瓶装纯绿茶饮料的主要生产工艺流程

1. 茶汤提取

1）提取方法

目前的提取方式主要包括单级浸泡式、多级浇渗式以及连续逆流式等。其中单级浸泡是最传统、简便的方式，设备成本低、操作简单，但无法实现连续性作业，工作效率低、出料慢，提取的茶汁风味容易受高温的负面影响；多级浇渗式则是在单级浸泡的基础之上加以改进而成，提取设备内的水处于流动状态，茶叶原料也能及时更换以实现连续性提取，较前者，多级浇渗式提取效率高、茶汁品质好；连续逆流式提取则是目前最先进的方式，提取设备中茶叶原料和水同时处于连续动态的逆向运动中，连续化工作效率更高，提取的茶汁品质最好，但设备成本也是三者之中最高的。

2）提取工艺参数

在茶汁提取作业中，提取工艺的技术参数依不同提取设备和茶类、茶叶颗粒大小的不同而略有差异，应根据产品质量要求通过综合比较，确定经济、合理和可行的应用控制参数。茶叶提取作业的主要工艺参数是茶水比、提取水温和提取时间。

（1）茶水比。通常茶水比越大，提取率越高，但影响后续工序的工作效率。因此，应根据最终产品的质量指标要求，考虑产品的品质、得率、生产效率和设备要求，提出恰当的茶水比。纯茶饮料为获得相对较高的提取率和减少温度对品质的影响，一般可通过提高茶水比，来降低提取温度。通常纯茶饮料的茶水比控制在 1：20～1：50。

（2）提取水温。一般提取水温越高，提取率越高，但提取温度过高易导致茶汁产生熟汤味。若提取水温过低，不仅会影响茶叶中可溶性固形物的浸出，导致提取效率较低，也会影响茶汁的感官品质。因此，一般绿茶汁、花茶汁的提取水温宜低于 85℃；乌龙茶、红茶汁的提取水温一般为 80～90℃。

（3）提取时间。提取时间应根据提取水温和茶水比等因素而定。通常提取水温和茶水比越高，则提取时间越短。提取水温高于 80℃时，通常 15～20min 的提取时间即可达到较高的提取率。但茶叶特别是绿茶在高温下长时间提取，易造成茶汁氧化褐变、色泽加深、香味恶化。因此，生产纯绿茶饮料时，提取水温在 60～80℃时，提取时间一般不能超过 20min。

2. 茶汤冷却

通常茶汁提取温度都较高，为防止长时间的高温静置引起茶汁氧化褐变，提取后需要对茶汁进行冷却，通常采用板式或管式热交换器进行冷却，以自来水或冷冻水作介质。冷却温度一般要求低于室温，并应尽量控制冷却的时间。

3. 澄清过滤

不论采用何种提取设备，在提取之后和冷却之前通常都应设有茶汁与茶渣分离的作业过程。通常采用不锈钢制造的平筛、回转筛和振动筛来滤除茶渣，筛网孔径一般为 32～60 目（0.5～0.25mm）。

纯茶饮料对澄清度的要求较高，通常应包括粗滤（或预滤）和精滤两个过程。粗滤（或预滤）一般采用 300 目的不锈钢筛网或铜丝网预滤和 4000～6000r/min 的离心过滤；精滤可采用板框式压滤机和微孔过滤器，过滤孔径一般应<1.0μm，绿茶饮料可采用 10 万～20 万分子量的超滤（UF）或 0.1～0.2μm 的微孔过滤，精滤后的茶汁要求澄清透明，无浑浊或沉淀。过滤温度应低于室温（<25℃），并尽量控制过滤时间，以防止风味品质的破坏和微生物的滋生。

4. 调配作业

茶多酚、咖啡因是纯茶饮料调配作业的主要控制指标（GB/T 21733—2008，表 4-2）。茶饮料生产企业一般都有一个自身的产品标准，指标通常都高于行业标准。

表 4-2　国家标准中纯茶饮料主要成分指标（GB/T 21733—2008）

成分	红茶	绿茶	乌龙茶	花茶	其他茶
茶多酚/（mg/kg）	300	500	400	300	300
咖啡因/（mg/kg）	40	60	50	40	40

在茶饮料实际生产过程中，首先应根据企业产品标准要求和茶汁实际的茶多酚含量，计算出需要添加的水量。然后根据计算结果配制样品，对样品的茶多酚、咖啡因含量和 pH 值及感官品质进一步确认。最后根据确认结果对生产茶汁进行正式调配。茶汁的正式调配一般是先加入纯水，使产品的理化性质和感官风味达到指标要求，然后加入定量必要的添加剂，如 0.03%～0.07%的抗坏血酸及少量碳酸氢钠（使 pH 值在 5.5～6.5）或异抗坏血酸钠等。在质量控制上，加水的计算比例应留有一定的余地，以便及时微调；调配茶汁的温度应低于常温，尽量减少调配滞留时间；可应用在线检测技术进行自动检测和调配，实现生产线的连续化生产。

5. 灭菌和灌装

茶饮料产品包装形式主要包括易拉罐装（铁罐、铝罐等）、瓶装（PET 瓶、玻璃瓶等）和复合材料包装（利乐包、康美包等）。目前纯茶饮料产品以瓶装为主。不同的包装方式常采用不同的灭菌方法和灌装技术，纯茶饮料属于低酸性饮料，目前常用的灭菌方式主要是超高温瞬时灭菌技术，灌装技术主要包括热灌装和无菌冷灌装技术（ACF）。

目前瓶装纯茶饮料的灭菌和灌装作业主要采用超高温瞬时灭菌技术和热灌装或无菌冷灌装技术。超高温瞬时灭菌技术通常是将茶汁经预热、脱气后加热至

135℃，灭菌时间 15～30s。茶饮料的热灌装技术一般将灭菌后的茶汁温度冷却至85～88℃后即趁热灌装入耐热性 PET 瓶中，将密封后的 PET 瓶倒置 30～120s，利用茶汁的余热对瓶盖进行灭菌，然后冷却至 30℃左右；无菌冷灌装则需将茶汁冷却至常温，在无菌环境中灌装。无菌冷灌装的茶饮料品质较好，但对瓶和灌装间的卫生要求非常高，通常主体灌装机的空气净化间洁净度应达到 D100 级，灌装之前应采用臭氧水或过氧化氢等强氧化剂对瓶和瓶盖进行消毒，特别是对无菌冷灌装系统应严格消毒处理，然后经过热空气处理和纯净水清洗。目前日本采用铁或铝等金属材料加工形似瓶装的最新包装方式，采用超高温瞬时灭菌和无菌冷灌装技术，由于遮光性和阻气性好，产品的品质及贮藏效果较好。

6. 检验与装箱

经灭菌冷却的茶饮料产品，采用机械和人工方法对液位、包装等进行检验，对合格产品进行打包装箱及生产日期打印。然后，按产品标准要求对产品的感官、理化和卫生指标进行抽样检测，合格批次的产品可进入仓库贮藏待运，不合格批次产品按企业质量管理制度和规定进行处理。

4.4　调味茶饮料加工技术

调味茶饮料是在茶汤中加入果汁、甜味剂、酸味剂、香料及奶等辅料，调制成与原茶风味完全不同的、具有特殊风味的调味型饮料，主要包括果汁果味茶饮料、含乳茶饮料和碳酸茶饮料等，以冰红茶、冰绿茶等果汁果味茶饮料为主。

4.4.1　调味茶饮料的工艺设计原则

调味茶饮料追求的是茶味和各种辅料感官风味的整体平衡、协调及其风味特色。因此，调味茶饮料加工工艺的关键在于配方的总体设计，特别应注重茶类的选择及其与辅料的风味协调性，以及不同原辅料结合所产生的浑浊、沉淀等感官品质问题。通常调味茶饮料对茶叶原料的要求不高，工艺参数的选择可侧重于生产效率的提高。调味茶饮料可采用直接提取加工的茶汤或茶浓缩汁、速溶茶粉等原料来调配，目前调味茶饮料常采用速溶茶粉调配。

4.4.2　果汁果味茶饮料加工工艺

1. 果汁果味茶饮料主要工艺流程

目前果汁果味茶饮料品类繁多，大多采用绿茶、红茶为基本原料。生产工艺可采用茶叶直接加工或采用茶浓缩汁和速溶茶等半成品来调配加工，因此工艺流程会因原料不同而略有差异。果汁果味茶饮料的酸度较低,红茶多采用经转溶的速溶茶来调配加工,果汁果味茶饮料的主要生产工艺流程见图 4-2。

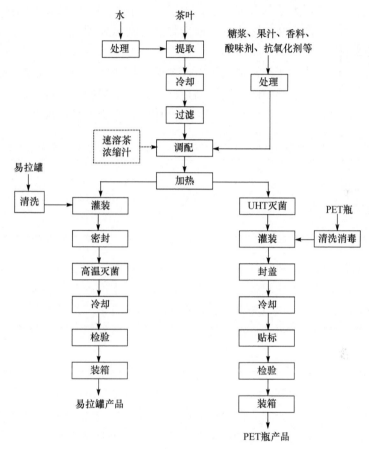

图 4-2　果汁果味茶饮料的主要生产工艺流程

2. 果汁果味茶饮料主要加工工艺

以茶叶为原料加工调味茶饮料的生产主要包括茶汤提取、澄清过滤、调配、灭菌和包装、检验和装箱等作业步骤。

1) 提取作业

可根据企业投资规模,选择使用间歇式罐提或多级连续式罐提和逆流连续式提取等多种方式。通常调味茶饮料的提取温度可略高于同类纯茶饮料,提取时间略长,以提高产品的得率。如用红茶加工调味茶饮料,宜采用 90℃以上的热水提取 10~15min,可使红茶中的内含物质完全浸出;茶水比与同类纯茶饮料基本相同,一般为 1:20~1:50。

2）澄清过滤

冷却后的茶汁经筛网过滤或离心澄清后，再用精密过滤器过滤得到澄清透明的茶汁，过滤工艺参数可参考纯茶饮料加工。对 pH<4.0 的红茶调味茶饮料，还应考虑酸度对茶汤稳定性的影响，一般需要进行转溶处理。

3）调配作业

调配作业是果汁果味茶饮料加工中最关键的作业之一。根据国家标准的要求，果汁果味茶饮料调配过程中的关键控制指标包括茶多酚和果汁含量、pH（酸度）、感官风味和外观品质等（表 4-3），实际生产中应按企业产品标准执行。

表 4-3　国家标准（GB/T 21733—2008）中果汁果味茶饮料主要成分指标

项目	果汁茶饮料	果味茶饮料
茶多酚含量/（mg/L）	≥200	≥200
咖啡因含量/（mg/L）	≥35	≥35
果汁含量/%	≥5.0	—

由于果汁果味茶饮料添加的辅料较多，调配过程比纯茶饮料相对复杂得多。调味茶饮料的调配首先应根据企业标准要求和实际生产中的茶多酚含量，确定所需稀释倍数和加水量。然后根据预先调制的小样配方，添加各类辅料，最后通过感官审评确定实际添加量。调配完成后，应取样对各种指标进行复检，确认后进入下一工序。

在实际调配过程中，各原辅材料的调配顺序一般按照糖浆、其他辅料、茶汁、抗氧化剂、柠檬酸、香精的次序依此进行。辅料的添加比例一般为果汁≥5.0%（体积），蔗糖 5%～10%（w/v），柠檬酸 0.10%～0.30%（w/v）。蔗糖是常用的甜味剂，通常需要加热化糖、精滤去杂和脱色等处理，以防止茶饮料成品产生絮状物。速溶茶粉或浓缩茶汁等原料一般应经过转溶处理，其他辅料（如酸味剂、抗氧化剂、防沉淀剂等）一般添加量少，易溶于水，所以可以采用冷水或温水化料。另外，所有影响产品外观和澄清度的辅料在调配之前都应进行必要的过滤处理。

4）灭菌和包装

调味茶饮料产品的包装方式主要包括易拉罐装、瓶装和复合材料包装等。调味茶饮料属于酸性饮料，灭菌方式主要包括高温灭菌技术或超高温瞬时灭菌技术，灌装技术主要包括热灌装和无菌冷灌装技术，目前最常用的是超高温瞬时灭菌和PET 瓶热灌装技术。

调味茶饮料产品的灭菌工艺参数因酸甜度不同而有所差异，一般比纯茶饮料要求略低一些。如 PET 瓶包装的调味茶饮料超高温瞬时灭菌的温度和时间分别为135℃、10～20s，灌装温度与纯茶饮料基本相同。密封后的 PET 瓶倒置时间与纯茶饮料基本一致。

5）检验和装箱

与纯茶饮料加工相同，灭菌冷却后的茶饮料产品需对液位、包装等进行检验，合格产品才能装入包装箱，并按产品标准要求对产品的感官、理化和卫生指标进行抽样检测，合格批次的产品可进入仓库贮藏待运，不合格批次产品按企业质量管理制度和规定进行处理。

3. 含乳茶饮料加工工艺

1）含乳茶饮料主要工艺流程

由于奶与红茶的风味特色较协调，目前含乳茶饮料主要采用红茶（红碎茶或传统红条茶）为原料来调配加工，生产工艺可采用红茶直接加工或采用红茶浓缩汁和速溶红茶等半成品调制。主要生产工艺流程见图4-3。

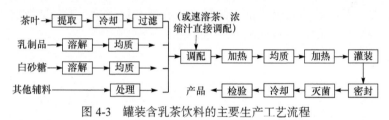

图 4-3 罐装含乳茶饮料的主要生产工艺流程

2）含乳茶饮料加工关键工序

含乳茶饮料加工主要包括提取和过滤、调配、加热和均质、灌装和灭菌、检验和包装等作业工序。含乳茶饮料加工的提取、过滤与果汁果味茶的加工工艺基本相同，调配、均质和灭菌灌装作业是含乳茶饮料生产中的关键工序。下面重点介绍这三道工序。

（1）调配和均质作业。根据国家标准的要求，含乳茶饮料调配过程中的关键控制指标包括茶多酚含量、蛋白质含量、pH值（酸度）和感官品质等（表4-4）。实际生产中应按企业产品标准执行。

表 4-4 国家标准含乳茶饮料主要成分指标（GB/T 21733—2008）

项目	含乳茶饮料
茶多酚含量/（mg/L）	≥200
咖啡因含量/（mg/L）	≥35
蛋白质含量/%	≥0.5

含乳茶饮料的调配程序与果汁果味茶饮料相似。调配的基本程序为：调制糖浆→pH值调整剂→牛奶中加乳化剂进行均质→均质乳→茶汁→香精。在实际调配过程中，由于稳定剂不易溶解，应采用热水预先将稳定剂溶解，然后与奶混合，

并经粗滤和在 5～10MPa 压力下均质后备用。

（2）加热和均质。通常将过滤后的含乳茶汁加热至 60～80℃，然后在 15～25MPa 的压力下均质处理。

（3）灭菌和灌装。含乳茶饮料属低酸性饮料，营养丰富，因此对灭菌和灌装的工艺要求要高于纯茶饮料和果汁果味茶饮料。

易拉罐包装通常采用板式热交换器将茶汤加热至 85～95℃，迅速装罐密封。然后在 120℃温度下，经 15～20min 的高温灭菌处理，最后冷却至 30℃以下即可；复合材料包装和 PET 瓶包装则需采用超高温瞬时灭菌机，在 135～137℃下灭菌 15～30s。然后迅速冷却至常温，在无菌环境下灌装与封口即可。

检验和装箱与纯茶饮料加工相同，需对产品的液位、包装等进行检验，对合格产品打印生产日期和装包装箱，并按产品标准要求对产品的感官、理化和卫生指标进行抽样检测，合格批次的产品可进入仓库贮藏待运，不合格批次产品按企业质量管理制度和规定进行处理。

第 5 章　茶食品加工技术

茶食品是指将超微茶粉（或抹茶）、茶汁或茶叶提取物等作为食品原料加工制成的各类含茶食品。近些年来，随着经济社会发展，具有健康、天然、绿色概念的现代茶食品得到快速发展，成为茶叶深加工与利用的一个重要发展方向。茶食品行业的兴起，不仅可以充分利用茶叶资源，促进茶产业可持续发展，而且顺应人们对食品的多元化与营养健康功能的市场需求（Senanayake，2013）。

5.1　茶食品发展概况

早在春秋时期，人们就用茶搀和其他可食之物料，调制成茶菜肴、茶粥饭等，之后逐渐出现了品种繁多而富有创意的茶食品（张清改，2017）。例如，"玉蘑茶"就是混合研磨紫笋茶与炒米以后，调拌后食用；再如"枸杞茶"是混合枸杞和雀舌茶之后研磨成粉，倒入酥油，辅以温酒食用（肖莹，2018）。

在日本，一直保留食用"抹茶"的习惯，并逐渐发展形成花色品种繁多的各类现代茶食品（林智等，2017）。我国具有规模化商业开发的现代茶食品起始于2000 年，从 2010 年开始快速发展，并在全国范围内得到广泛的关注。目前国内知名的茶食品品牌主要包括天福、宜昌萧氏、八马、华祥苑、新味、珍好吃等，集中度较高，产品同质化现象较为严重，多数企业采用代加工的生产方式。虽然茶食品产业起步较晚，但整体的销售收入呈上升趋势。在未来几年中，预计中国茶食品市场需求每年以 10%的速度递增（廖珺，2017）。

现代研究表明，茶叶具有以下几个方面的特点：①茶叶富含一些食品中没有的氨基酸以及矿物质，可以很好地起到营养互补的作用，能够有效提升其营养价值；②茶叶中的许多功能性成分（茶多酚、茶氨酸、茶多糖、γ-氨基丁酸等），能够增加食品保健功效；③茶叶中的多酚类物质，能够作为食品天然抗氧化剂，延长食品的保质期；④通过茶或茶提取物的添加，赋予食品特殊的茶风味。因此，茶叶可以应用于冷冻制品、烘焙制品、乳制品等各种现代食品中，形成茶叶冷冻食品、含茶烘焙食品、含茶乳制品等产品，具有增加食品的营养、健康和改善口感风味等作用。

5.2　茶冷冻制品的生产工艺

　　茶冷冻制品按其组成成分和产品种类可分为茶冰淇淋、茶冰棒和茶雪糕。茶冷冻制品不仅有茶的独特风味以及清新自然的色泽,还含有丰富的茶叶有效成分,如茶多酚、氨基酸、果胶等成分,能与口腔中的唾液发生化学反应,滋润口腔而产生清凉感觉;同时茶叶中的咖啡因成分可控制中枢神经调节体温,又具有利尿作用,能使体内热量大量从尿液排出,从而达到提神、止渴、解热的作用。此外,由于茶冷冻制品特殊的低温贮藏条件,可以大大减缓茶粉或茶提取物被氧化的速度,从而保持稳定的色泽、口味。

图 5-1　抹茶冰淇淋

5.2.1　茶冰淇淋

　　茶冰淇淋主要包括绿茶冰淇淋、红茶冰淇淋(Karaman and Kayacier,2012)、抹茶冰淇淋(图 5-1)等。将茶叶原料添加于冰淇淋中制成茶冰淇淋,既丰富了冰淇淋的风味品质,又能改善其膨胀率、抗融化性等物理特性(表 5-1)。

表 5-1　绿茶添加量对冰淇淋物理特性的影响

绿茶提取物含量/%	膨胀率/%	融化率/%	黏度/(mPa·s)	硬度/g
0	98.18	34.56	327.9	427.32
0.5	98.37	33.22	325.6	426.07
1.0	98.60	32.18	323.5	424.82

　1. 主要原料

　　茶冰淇淋的主要原料为茶叶浸提液或茶粉、乳与乳制品、甜味剂,添加蛋与蛋制品、乳化剂、稳定剂、香料等。

　2. 主要工艺

　　茶冰淇淋的主要加工工艺流程如下:

　　原料混合→灭菌→高压均质→冷却→老化(成熟)→凝冻→灌装(成型)→硬化→包装→检验→成品。

1）灭菌

冰淇淋的原辅料营养丰富，极易繁殖微生物，为了保障食品安全卫生，必须对料液进行处理，以达到杀灭料液中的所有病原菌（如白喉杆菌、结核杆菌、伤寒杆菌等），杀死料液中的绝大部分非病原菌和钝化部分酶的活力以及提高冰淇淋的风味等目的。可采用高温瞬时灭菌，在 95℃下保温 30s，也可在 70～78℃下保温 20～30min。

2）高压均质

均质是冰淇淋生产工艺中一道不可缺少的工序，是将灭菌后的混合原料通过均质机施以高压，破碎较大的脂肪球，使产品的组织细腻，同时使稳定剂、乳化剂、蛋白质等分布均匀。均质能使成品更为细腻、润滑、松软，提高其膨胀率，并改良贮藏性能。

均质温度与压力要控制得当，常用的均质温度为 50～70℃，压力为 15～20MPa。均质温度应根据均质室温度的高低而随时调整；均质压力的大小应由混合原料中干物质与脂肪含量的多少决定，当干物质和脂肪含量较高时，压力应适当降低。

3）冷却

混合原料经均质处理后应迅速冷却到 2～4℃，可以挥发掉一部分不良气体，防止脂肪上浮与酸度升高，防止细菌在中温情况下迅速繁殖，并为老化工序做好准备。但冷却温度不能低于 0℃，否则产生冰晶，影响产品口感。

4）老化

老化又称物理成熟，主要是使料液的物理性质有所改变，其实质是脂肪、蛋白质和稳定剂的水合作用。通过老化，可以进一步提高料液的黏度和稳定性，防止料液中游离水析出或脂肪上浮，并可缩短凝冻时间，防止在凝冻时形成大的冰晶。

老化过程的主要参数是温度和时间，随着温度降低，老化时间缩短。老化的温度不能过高，否则脂肪容易分离出来，但也不能低于 0℃，否则料液中会产生冰晶。老化时间的长短与料液中干物质的含量有关，干物质越多，老化所需时间越短。一般来说，老化温度控制在 2～4℃，时间以 6～12h 为佳。

5）凝冻

凝冻过程大体分为以下三个阶段：液态阶段、半固态阶段和固态阶段。凝冻一般是在–2～–6℃低温下进行的。

凝冻过程的作用是通过搅拌作用使混合料中各组分进一步混合均匀，液料中结冰的水分形成均匀的小结晶而使冰淇淋的组织细腻、形体优良、口感滑润。同时随着搅拌过程中空气的逐渐混入使冰淇淋得到合适的膨胀率。凝冻后空气气泡均匀地分布于冰淇淋中，能阻止热传导的作用，可使产品抗融化作用增强，稳定性提高。由于搅拌凝冻是在低温下操作，因而能使冰淇淋料液冻结成具有一定硬度的凝结体，即凝冻状态，可加速硬化成型进程。

6）灌装（成型）

凝冻后的冰淇淋必须立即灌装（成型），以满足贮藏和销售的需要。冰淇淋的罐装主要有冰砖、纸杯、蛋筒、浇模、巧克力涂层、异形冰淇淋切割线等多种形式。

7）硬化

硬化是指将经成型灌装机灌装和包装后的冰淇淋迅速置于–25℃以下的温度，经过一定时间的速冻，将产品温度保持在–18℃以下，使其组织状态固定、硬度增加的过程。

硬化的目的是固定冰淇淋的组织状态、完成细微冰晶的形成过程，使其组织保持适当的硬度，以保证冰淇淋的质量，便于销售与贮藏运输。

硬化后的冰淇淋应贮存在冷库内，温度保持在–22℃以下，湿度在85%～90%。

3. 质量标准

1）感官指标

茶冰淇淋的感官指标主要包括色泽、滋味及气味、组织、形态和包装等几个方面，具体参见表5-2。

表 5-2 茶冰淇淋的感官指标

项目	感官指标
色泽	应具有与所用茶叶原料相对应的色泽。红茶冰淇淋应为红褐色，绿茶冰淇淋应为黄绿色
滋味及气味	应具有明显的茶味，不得有酸味、金属味、油味及其他杂味
组织	细腻润滑，无乳糖、奶油粗粒存在，各类冰砖表面及茶冰淇淋允许有轻微结晶存在
形态	完整，冰砖封口一端及茶冰淇淋允许有轻微收缩
包装	完整，清洁，无渗漏现象

2）理化指标

砷含量（以 As 计，mg/kg）≤0.2；

铅含量（以 Pb 计，mg/kg）≤0.3；

铜含量（以 Cu 计，mg/kg）≤5；

其他食品添加剂：按 GB 2760—2014 规定执行。

3）卫生指标

含乳、蛋 10%以上的冷冻饮品：菌落总数≤2.5×10⁴CFU/mL；大肠菌群≤450CFU/mL；致病菌（沙门氏菌、志贺氏菌、金黄色葡萄球菌）不得检出。

含乳、蛋 10%以下的冷冻饮品：菌落总数≤1×10^4CFU/mL；大肠菌群≤250CFU/mL；致病菌（沙门氏菌、志贺氏菌、金黄色葡萄球菌）不得检出。

5.2.2　茶冰棒

茶冰棒是以茶叶提取液或速溶茶粉、饮用水、甜味剂等为主要原料，添加适量增稠剂、着色剂、酸味剂、香料等食品添加剂，经混料、灭菌、注模、插杆、冷冻、脱模等工艺制成的冷冻食品。

1. 主要原料

茶冰棒的主要原料为茶叶、淀粉、白砂糖、糖精、奶油香精、奶粉等。

2. 主要工艺

茶冰棒的主要加工工艺流程如下：

茶叶浸提→混料→灭菌→冷却→注模→插杆→冷冻→脱模→包装→贮藏硬化。

1）茶叶浸提

将茶叶以一定茶水比置于热水缸中浸泡，并不断搅拌，然后将浸出的茶汁用水泵抽入灭菌缸中或置于 WCT-1 型抽提器内，抽出茶汁。

2）混料

将白砂糖、糖精、奶粉等原料用热水溶解，与茶提取液按一定比例混合均匀。

3）灭菌

一般在灭菌缸内进行，在 80～85℃温度下处理 10～15min。

4）混合原料冷却

混合原料经灭菌处理后，置于冷却设备中冷却至 20～30℃。冷却后黏度有所增加，有利于冻结及产品质量的提高。需要注意的是，冷却温度不宜低于–2℃，其原因在于过低的温度会造成混合原料输送和浇模困难。

5）注模与插杆

混合原料冷却后需及时浇模。先将混合原料浇入模盘内，前后左右倒动，使其混合均匀，再插杆。

6）冷冻

将模盘轻放于冻结缸中，随即将已经消毒的插杆放入其中，使其冻结。冻结温度为–22～–25℃，时间为 10～15min，冻结所用盐水浓度为 27%～30%。

7）脱模

待模盘内的冰棒全部冻结后，将其置于 48～54℃的烫盘内，稍停数秒钟，使冰棒表面融化从模盘中脱出。

8）包装

冰棒脱模后，可用人工或枕式包装机进行包装。包装后的冰棒应依次装入纸盒内，装盒时如发现包装破碎或松散现象，应剔出重新包装，每批包装结束后，应及时用浓度为 0.03%～0.04% 的氨水消毒，减少细菌污染，标明生产批次、日期等，再送入冷藏库内贮存。

3. 质量标准

1）感官指标

茶冰棒的感官指标主要包括色泽、滋味及气味、组织和形态等几个方面，具体参见表 5-3。

表 5-3　茶冰棒的感官指标

项目	感官指标
色泽	应具有与茶叶品种相适应的色泽（采用古巴糖配制的或加入着色剂的不在内）
滋味及气味	应具有与茶叶品种相适应的风味，不得有咸味、金属味、发酵味、霉味及其他异味
组织	无杂质，冻结坚实
形态	完整，空头率每盒不得超过 10%（空头指在冰棒根部用刀切开，有凹入现象），歪插率每盒不得超过 40%

2）理化指标

砷含量（以 As 计，mg/kg）≤0.2；

铅含量（以 Pb 计，mg/kg）≤0.3；

铜含量（以 Cu 计，mg/kg）≤5；

其他食品添加剂：按 GB 2760—2014 规定执行。

3）卫生指标

菌落总数≤100CFU/mL；大肠菌群≤6CFU/mL；致病菌（沙门氏菌、志贺氏菌、金黄色葡萄球菌）不得检出。

5.2.3　茶雪糕

茶雪糕是由茶浸出液、乳与乳制品、豆制品、食用酸料、稳定剂等混合配制经灭菌后冰结而成（李铮和黄宇彤，1998）。茶雪糕的组织细腻而坚实、易消化、美味可口，是夏季价廉、物美、方便的消暑食品。

1. 主要原料

茶雪糕的主要原料包括茶叶、牛奶、稀奶油、甜炼奶或淡炼奶、全脂或脱脂奶粉、全蛋粉、蛋黄粉等。

2. 主要工艺

茶雪糕的主要加工工艺流程如下：

茶叶浸提→混料→灭菌→冷却→均质→冷却→浇模→冻结→脱模→包装→冷藏硬化。

1）茶叶浸提

与茶冰棒中的茶叶浸提类似。

2）混料、灭菌

茶雪糕的原料、配料混合以及灭菌过程都在灭菌缸内进行，在 75～80℃温度下处理 15～20min。灭菌后的混合原料中，不得检出大肠杆菌，且菌落总数应低于 100CFU/mL。

3）冷却

混合原料经灭菌处理后，自然冷却至 70℃以下。

4）均质

混合原料灭菌后，为了使原料中所含的脂肪不上浮、产品组织细腻且无奶油粗粒存在，需经过均质处理。一般在高压均质机中进行，压力为 14.7～16.7MPa，温度为 65～70℃。

5）混合原料冷却

将灭菌和均质处理后的混合原料置于冷却设备中，迅速冷却至 3～8℃，冷却温度越低，则冷冻时间越短，但不宜低于 -2℃。

6）浇模

把混合原料浇入经巴氏消毒的雪糕模盘内，前后左右倒动，使其混合均匀，再插杆。

7）冻结

雪糕的冻结，由于冻结设备不同而有差异。一般冻结温度为 -22～-25℃，时间为 6～15min，冻结所用盐水浓度为 27%～30%。

8）脱模

待模盘内的雪糕全部冻结后，即可脱模取出。

9）包装

雪糕脱模后，立即包装，再送入冷藏库内贮存。

3. 质量标准

1）感官指标

茶雪糕的感官指标主要包括色泽、滋味及气味、组织、形态和包装等几个方面，具体参见表 5-4。

表 5-4　茶雪糕的感官指标

项目	感官指标
色泽	应具有与茶叶品种相适应的色泽
滋味及气味	应具有与茶叶品种相适应的风味，不得有咸味、金属味、发酵味、霉味及其他异味
组织	细腻，乳化完全，无油点，无杂质，冻结坚实
形态	完整，空头率每盒不得超过 10%，歪插率每盒不得超过 40%
包装	清洁，紧密，外包装纸盒破碎不得超过 3 处，每处不得超过 50mm，内包装纸散碎率每盒不超过 20%

2）理化指标

砷含量（以 As 计，mg/kg）≤0.2；

铅含量（以 Pb 计，mg/kg）≤0.3；

铜含量（以 Cu 计，mg/kg）≤5；

其他食品添加剂：按 GB 2760—2014 规定执行。

3）卫生指标

含乳、蛋 10%以上的冷冻饮品：菌落总数≤$2.5×10^4$CFU/mL；大肠菌群≤450CFU/mL；致病菌（沙门氏菌、志贺氏菌、金黄色葡萄球菌）不得检出。

含乳、蛋 10%以下的冷冻饮品：菌落总数≤$1×10^4$CFU/mL；大肠菌群≤250CFU/mL；致病菌（沙门氏菌、志贺氏菌、金黄色葡萄球菌）不得检出。

5.3　茶烘烤食品的生产工艺

茶烘烤食品是指利用超微茶粉（抹茶）、速溶茶粉或茶叶提取物等作为辅料，与面粉、油脂、糖等其他食品原料，采用焙烤加工工艺定型和熟制而成的一类烘焙食品（宋振硕等，2019）。由于茶叶中的茶多酚、茶多糖、茶纤维等成分可显著改善烘焙食品的品质，逐渐受到消费者的喜爱。目前，市场上的茶烘烤食品种类多样，主要可以分为茶面包、茶蛋糕、茶饼干和茶绿豆糕等。茶烘烤食品是茶叶深加工终端产品开发体系的重要内容，不仅为人们提供了健康美味的食品，顺应了人们对低热量、高营养、保健化、方便化、多元化的饮食要求，而且还可以充分利用茶叶资源，拓展茶叶应用领域、延伸茶叶产业链。

5.3.1　茶面包

茶面包是在传统面包配方中加入茶成分的特殊面包。由于配方中添加了茶的成分，成品中含有茶多酚、茶色素、咖啡因、茶多糖等成分，具有一定的保健功

能。目前，茶面包主要包括抹茶（绿茶）面包
（图 5-2）、红茶面包（童大鹏，2017）、六堡茶
保健面包（谢朝敏等，2016）、富硒茶有机面包
（任廷远和安玉红，2009）等。

1. 主要原料

茶面包的主要原料为茶叶浸提液或茶粉、
面粉、酵母、砂糖、黄油、食盐等。

2. 主要工艺

图 5-2　抹茶面包

茶面包的主要加工工艺流程如下：

原辅料预处理→面团调制→一次发酵→整形→二次醒发→表面装饰→烘烤→
冷却→包装。

1）原辅料预处理

以茶叶为原料时，将其置于 100～130℃高温的烘箱中干燥 10min 左右，以便
使茶的"陈味"及其他异味充分散失和茶香显露。茶叶经高温干燥后，摊晾 60～
90min，再以一定茶水比加入开水浸泡，并反复搅拌。最后再经过浸渍、抽提、沉
淀、过滤、静置等工序，初制成浓茶汁备用。

面粉应过筛，其余材料应加水溶解后添加。

2）面团调制

将酵母以少量的温水调开静置备用，首先将面粉、砂糖、盐等倒入搅拌机，
打散混合均匀，再加入茶汁，然后加入调好的酵母，打到面团能拉出膜。先在慢
速搅拌下，将软化好的黄油混入，再用快速搅拌一直打到面团变得非常光滑，能
够拉出透明的薄膜，整个过程需要 15～20min。

3）一次发酵

将面团取出揉圆放入盆中，用保鲜膜覆盖，将盆放置于温度 30℃左右、相对
湿度 85%～90% 的环境中发酵 60～70min，待面团发酵至 2～2.5 倍，表面略显湿
润而柔软、内层膜细密，略有黏性即可。

4）整形

用刮板将排气后的面团切块、分成需要的大小及数量，再压成饼排除多余的
气体，然后进行一些折叠，整形为球状小面团，盖上保鲜膜松弛 10～15min。将
面团经切割、搓圆制成成品面包的形状，按一定间隔距离均匀地放置于烤盘中。

5）二次醒发

将放入整形好面团的烤盘置于温度为 38℃左右、湿度为 85% 的醒发箱中进行
二次发酵，醒发至 2 倍大，面团表面干燥、略有弹性、平滑即可，时间约为 60min。

6）表面装饰

为了使面包制作出独特的外观或控制面包表面的裂口，必要时可进行割包。用毛刷在面包表皮上轻刷一层全蛋液（水、黄油、面粉、重奶油等刷面材料），再均匀地洒上焙炒过的花生碎、芝麻等。

7）烘烤

将面包坯的烤盘放入烘烤温度为 120～230℃的烤箱中烘烤。先用较低的面火温度烘烤，该阶段面包坯的体积继续增大，面包坯的底部大小和形状趋于固定；然后逐渐升高面火温度，使面包上色、增香、发生美拉德反应和焦糖化反应，提高风味，该阶段面包定型、成熟。烤制过程中观察面包表面烧色，可适当遮盖。

8）冷却

将烘烤好的面包取出放置自然冷却，有利于面包中多余的水分蒸发，蛋白质凝固，内部结构稳定，表皮变得酥脆。

9）包装

将面包用蜡纸或其他符合卫生要求的材料包装即可。

3. 质量标准

1）感官指标

应具有茶面包产品正常的色泽、气味、滋味及组织状态，不得有酸败、发霉等异味，产品内外不得有霉变、生虫及其他外来污染物。

2）理化指标

酸价（以 KOH 计，mg/g）≤5；

过氧化值（以脂肪计，g/100g）≤0.25；

水分含量 30%～40%；

总砷含量（以 As 计，mg/g）≤0.5；

铅含量（mg/kg）≤0.5；

其他食品添加剂：按 GB 2760—2014 规定执行。

3）卫生指标

菌落总数≤1500CFU/g；大肠菌群≤30MPN/100g；霉菌计数≤100CFU/g；黄曲霉毒素 B_1≤5μg/kg；致病菌（沙门氏菌、志贺氏菌、金黄色葡萄球菌）不得检出。

5.3.2　茶蛋糕

茶蛋糕是通过在蛋糕生产中加入一定量的速溶茶粉或茶提取物而制成。茶叶的加入，既改善蛋糕的风味品质，又增加其相应的保健功能（黄潇等，2017）。目前，茶蛋糕的种类主要包括：白茶蛋糕、柠檬抹茶蛋糕、高纤维低糖南瓜抹茶蛋糕等（图5-3）。

1. 主要原料

茶蛋糕的主要原料为茶粉（或速溶茶粉、抹茶粉）、面粉、泡打粉、蛋糕油、白砂糖、鲜鸡蛋、牛奶等。

2. 主要工艺

茶蛋糕的加工工艺包括原辅料预处理、搅打、混料、注模、烘烤、脱模等。抹茶蛋糕制作工艺流程如图5-4所示。

图 5-3 抹茶蛋糕

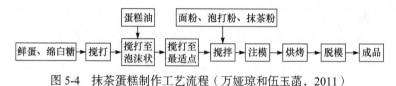

图 5-4 抹茶蛋糕制作工艺流程（万娅琼和伍玉菡，2011）

1）原辅料预处理

将茶叶粉碎后，经 100 目筛过筛，然后均匀混合到面粉中。也可以直接用抹茶粉或速溶茶粉。

2）搅打

搅打是蛋糕加工过程中最为重要的环节之一。其主要目的是通过对鸡蛋和糖的强烈搅打，将空气卷入其中，形成泡沫，为蛋糕多孔状结构奠定基础。

3）混料

面粉中加入泡打粉和茶叶粉。混合均匀后需过筛后再加入蛋糊中，边加边搅拌至不见生粉为止。

4）注模

混合结束后，应立即注模成型。注模操作应该在 15～20min 之内完成，防止蛋糕糊中的面粉下沉，使产品质地板结。

5）烘烤

烘烤的目的是使蛋糕糊受热膨胀，形成蛋糕膨松结构；蛋白质凝固，形成蛋糕膨松结构的骨架；同时淀粉糊化，即蛋糕的熟化；某些成分在高温时发生反应而得到蛋糕的色、香、味。烘烤时，应注意面火及底火的使用方法。一般地，先用底火加热；数分钟后，再开启面火，同时加热；最后，关闭底火，用面火上色。

6）脱模冷却

烘烤结束，自模具中取出蛋糕，自然冷却至常温。

3. 质量标准

1）感官指标

茶蛋糕的感官指标主要包括形态、色泽、组织、气味和杂质等几个方面，具体参见表 5-5。

表 5-5　茶蛋糕的感官指标

项目	感官指标
形态	外形完整，块形整齐，大小一致；无破损、无粘连、无塌陷、无收缩
色泽	表面金黄至棕红色，无焦斑；剖面淡黄至深黄，色泽均匀
组织	剖面蜂窝状，气孔分布均匀，松软有弹性；无糖粒、无粉块、无杂质
气味	滋味爽口，甜度适中，有蛋香及茶香，无异味
杂质	外表及内部无肉眼可见杂质

2）理化指标

总糖含量≥25%；

水分含量 15%～30%；

蛋白质含量≥6%；

总砷含量（以 As 计，mg/kg）≤0.5；

铅含量（mg/kg）≤0.5；

其他食品添加剂：按 GB 2760—2014 规定执行。

5.3.3　茶饼干

茶饼干，即在饼干生产中加入一定量的茶粉、抹茶粉或茶提取物等，制成的含茶饼干产品（廖素兰等，2017）。目前茶饼干品种较多，包括绿茶夹心饼干、红茶奶油饼干、抹茶曲奇饼干等。相关文献显示，茶饼干中茶多酚含量达 150～200mg/100g，具有一定的保健功能。

1. 主要原料

茶饼干的主要原料为茶粉或抹茶粉、面粉、白砂糖、奶油、起酥油、鸡蛋、奶粉、小苏打、食盐等。

2. 主要工艺

茶饼干的加工工艺包括原辅料预处理、调粉、辊轧、成型、烘烤、冷却、包装等。抹茶饼干的制作工艺流程见图 5-5 所示。

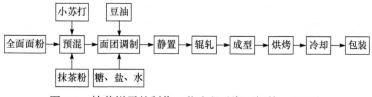

图 5-5　抹茶饼干的制作工艺流程（郑丽娜等，2013）

1）原辅料预处理

茶叶经沸水浸提后，过滤，经调整浓度后冷却待用，也可以直接添加抹茶粉。

2）面团调制

将处理好的各种原辅材料搅拌混合调制，制成均匀并有一定机械加工性能的面团。面团用手捏时，不感到粘手，软硬适度，面团上有清楚的手纹痕迹，当用手拉断面团时，感觉稍有黏结力和延伸性，拉断的面团没有缩短的弹性现象，此时的面团可塑性良好。

3）辊轧

将调制好的面团辊压成厚度均一、形态平整、表面光滑、质地细腻的面片。

4）成型

将面片经成型机制成各种形状的饼干坯。

5）烘烤

将饼干整齐摆放在涂好油的烤盘内，置于温度为 200℃左右的烤炉中烘烤至成熟。

6）冷却

将饼干缓慢冷却至室温。

7）包装

冷却后的饼干经一定的包装成为成品。

3. 质量标准

1）感官指标

茶饼干的感官指标主要包括形态、色泽、香气、光泽度、底部、口感等几个方面，具体参见表 5-6。

表 5-6　茶饼干的感官指标

项目	感官指标
形态	外形完整，块形整齐，大小一致；不起泡、不缺角、不变形；花纹线条清晰
色泽	表面、底部、边缘均匀一致
香气	具有原料茶叶特有的香气，无异味

续表

项目	感官指标
光泽度	有油亮光泽，表面无面粉
底部	平整，有均匀的砂底
口感	不僵不硬，有适宜的松脆度；组织细腻，不粘牙

2）理化指标

酸价（以 KOH 计）≤5mg/g；

过氧化值（以脂肪计）≤0.25g/100g；

水分含量≤6.5g/100g；

总砷含量（以 As 计）≤0.5mg/kg；

铅含量≤0.5mg/kg；

其他食品添加剂含量：按 GB 2760—2014 规定执行。

3）卫生指标

菌落总数≤750CFU/g；大肠菌群≤30MPN/100g；霉菌数≤50CFU/g；致病菌（沙门氏菌、志贺氏菌、金黄色葡萄球菌）不得检出。

5.4　茶乳制品的生产工艺

牛乳是一种营养全面、均衡的天然食品，而乳中的主要成分乳脂肪含有 8% 左右的低级水溶性挥发性脂肪酸，这些脂肪酸容易受氧、光线、金属离子（Fe^{2+}、Cu^{2+}等）、温度等因素作用而发生氧化，使乳与乳制品产生不同程度的质量缺陷。将茶汁与牛乳混合制备茶乳制品，既能保持乳的营养特性，又能发挥茶的保健功效，开辟茶叶利用新渠道（Pei et al.，2018）。目前，市场上的茶乳制品主要是茶酸奶。

茶酸奶是指将茶成分加入酸奶中制成的一类产品，包括使用抹茶或茶汁加工的产品。由于茶叶中的芳香族化合物能溶解脂肪，可起到化浊去腻、防止脂肪积滞的作用，产品中所含的维生素 B_1 和维生素 C 以及茶碱能促进胃液分泌，有助于消化与消除脂肪；酸奶中的乳酸菌可使牛奶中的乳糖转化而更易于人体的吸收，并且有益于肠道有益菌群的繁殖，丰富的钙质还可补充人体每日所需；因此，餐前饮用茶酸奶，可使胃部有饱腹感，起到节食效果，同时不会造成营养失衡，对于瘦身减肥是最好的食品选择之一。目前生产的茶酸奶，根据使用茶的种类可分为：红茶酸奶、绿茶酸奶、花茶酸奶、果茶酸奶、抹茶酸奶等。

1. 主要原料

茶酸奶的主要原料包括茶叶浸提物或抹茶粉、牛奶或奶粉、乳酸菌、砂糖等。

2. 主要工艺

茶酸奶的主要加工工艺流程如下：

原辅料预处理→调配→均质→灭菌→冷却接种→发酵→破乳冷却→灌装。

1）原辅料预处理

牛乳可用奶粉、白糖等进行配制，或直接用生牛乳。将牛乳升温至 85～90℃，加入特定比例的茶叶，高温浸提、过滤获得茶浸提液，也可直接加入抹茶粉。

2）调配

将一定比例的生牛乳于 45～48℃溶解分散乙酰化双淀粉己二酸酯及牛奶浓缩蛋白粉，另用特定浓度原料乳升温至 75～78℃搅拌 15～20min 溶解分散白砂糖及明胶、琼脂，相应物料溶解均匀后混合定容。

3）均质

定容后的物料预热至 60～65℃进行均质处理（一级压力 17～18MPa，二级压力 1～2MPa）。

4）灭菌

均质后的物料进行（95±1）℃、300s 的灭菌处理。

5）冷却接种

将灭菌后的物料冷却降温，在温度为 40℃左右时接入发酵菌种，严格按照无菌操作开展。发酵菌种包括嗜热链球菌、保加利亚乳杆菌、植物乳酸杆菌等，可选用其中几种按一定比例添加。接种后慢速搅拌 10～15min，使得菌种充分溶解。

6）发酵

将接种后的基料在 40℃左右下保温发酵，当发酵酸度达到 72～75°T、pH 值为 4.4～4.5 时，终止发酵。

7）破乳冷却

终止发酵后搅拌破乳，添加香精，进一步搅拌 5min 后通过管道平滑器并降温至 22～24℃进入灌装工序。

8）灌装

酸奶灌装后于 4～8℃温度下放置 12～18h 进行黏度恢复，香气协调后即为成品。

3. 质量标准

1）感官指标

成品均匀一致；滋味纯正，柔和；口感细腻滑润，酸甜适口；具有酸奶的滑润感和茶叶的微涩感，乳香与茶香能够较好地融合。

2）理化指标

蛋白质（%）≥2.3；

脂肪（%）≥2.5；

酸度（°T）≥70；

砷含量（mg/kg）≤0.1；

铅含量（mg/kg）≤0.05；

其他食品添加剂：按 GB 2760—2014 规定执行。

3）卫生指标

乳酸菌≥10^6CFU/g；大肠菌群≤30MPN/100g；霉菌数≤30CFU/g；酵母菌数≤100CFU/g；黄曲霉毒素 M_1≤5μg/kg；致病菌（沙门氏菌、志贺氏菌、金黄色葡萄球菌）不得检出。

5.5　茶糖果的生产工艺

茶糖果具有不同物态、质构和香味，营养丰富，耐保藏。将糖果与茶叶融合在一起，增加了糖果花色品种，以各种茶叶配合不同花果味制造具有茶风味的茶糖果，不但风味独特，且具有保健作用。茶糖果加工方法与常规糖果相同。以茶叶粉（低档粗老茶叶制成粉末）为主要原料制成的糖果，茶味浓厚，茶粉呈微粒状分布于糖果中，亮度和口感都较好，但略带苦涩味。由速溶茶为主要原料制成的茶糖果，虽然色、香、味较佳，但成本较高。由浓缩茶汤制造的茶糖果滋味浓厚香醇，色泽亮丽，唯须先萃取茶汤。目前茶软糖、硬糖及奶糖在日本及我国台湾已高度商业化生产，另外还有茶口香糖，颇受消费者欢迎。

1. 主要原料

茶糖果的主要原料包括茶味体、糖体、乳粉、甜炼乳等。

茶味体是茶糖果的主要添加料，可增加营养物质，并改善糖果风味；一般可用茶叶浸提物、茶浓缩汁、速溶茶粉或抹茶粉等作为茶味体。

糖体包含砂糖和各种糖浆。砂糖是茶糖果的主要组成之一，在原料中占比达65%以上。糖浆是制造茶糖果的另一种甜味料，除了提供硬糖部分甜味外，同时对硬糖的结构组织和后期的保存能力起着十分重要的作用。

2. 主要工艺

茶糖果的加工工艺包括化糖、熬糖、物料混合、冷却、成型和包装等。普洱茶软糖制作工艺流程见图 5-6。

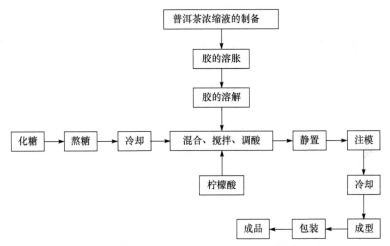

图 5-6 普洱茶软糖制作工艺流程（林珊等，2015）

1）化糖

用适量的水快速将砂糖溶化，然后与糖浆均匀混合。

2）熬糖

熬糖是硬糖工艺中的关键，熬糖的全部过程就是要把糖溶液内的大部分水重新蒸发除去。最终的硬糖膏达到很高的浓度和保留最低的残留水分。但是糖液的蒸发和浓缩不同于其他食品，其原因：①当糖液达到较高浓度时，其黏度迅速提高，采用一般的加热蒸发方法，很难除去糖膏中的多余水分；②如为硬糖，最终要求生产为一种玻璃状的无定形物态体系，这种特殊的质构也要求糖液的蒸发与浓缩在一个持续的热过程中完成。生产实践表明，要把熔化的糖液逐步变成黏稠的糖膏，这一浓度梯度提高的过程必须通过一个温度梯度提高的沸腾蒸发过程来完成，此过程在糖果工业中是通过不断的熬煮加工过程来实现的，这一熬煮过程也称熬糖。传统熬糖为常压熬糖，称为明火熬糖。目前在很多地区采用真空熬糖，又称减压熬糖，可大幅度提高产品质量。

3）物料混合

糖膏熬成以后，就是糖果的坯体，根据熬糖方式的不同，出锅的温度也不同，表现在糖膏的流动性也不同。在糖膏还没有失去液态性质以前，所有的其他物料（茶叶和其他调味料）都应及时加入糖的坯体，并且要做到最佳均匀的混合，使整个物料变成一种完全均一的状态。

4）冷却

冷却的目的是使糖膏由流动性较大的液态转变为缺乏流动的半固态，使其具有很大的黏度和可塑性，便于造型，冷却还具有以下作用：降低返砂、保持物料稳定、容易成型。

5）成型

糖液熬到一定浓度，经过适度冷却，添加物料，混合均匀，即可成型。茶糖果有多种成型方法，但基本上可以归纳为塑压成型和浇模成型两种方式。

6）包装

成型后的糖粒还需进行挑选，把不符合质量要求的糖粒剔除，将合格的进行包装。包装对质量有重要影响。目前，糖果包装一般都采用机械操作，类型很多，性能也不相同。包装应于一定温度条件下进行，一般在 25℃、相对湿度 50%以下的条件下进行包装。

3. 质量标准

茶糖果的品质特点：以茶叶粉为主料的品种，茶味浓厚、色泽略暗、透亮度较差；由浓缩茶汁制成的糖果，茶味较浓，透亮度和口感也较好；由速溶茶汁制成的糖果，透亮度和口感都很好，但茶香表现欠佳。但由于辅料不同，各类茶糖果品质也略有差别。

1）感官指标

茶水果糖：色泽浅黄、有光泽、半透明；长扁圆形、表面光滑；有茶味、略带果味、甜而不腻。

绿茶夹心糖：外裹洁白光亮的糖衣、内含翠绿油润的心料、色泽鲜艳、香甜可口、鲜而不腻、风味独特。

茶汁奶糖：既有鲜爽不腻、改善口感的特点，又有提神、清凉和消食的功效。

2）理化指标

水分 7%～10%；

还原糖 15%～35%。

砷含量（mg/kg）≤0.5；

铅含量（mg/kg）≤1；

铜含量（mg/kg）≤10；

其他食品添加剂：按 GB 2760—2014 规定执行。

3）卫生指标

菌落总数（CFU/g）：硬质糖果、抛光糖果≤750；焦香糖果、充气糖果≤20000；夹心糖果≤2500；凝胶糖果≤1000。

大肠菌群（MPN/100g）：硬质糖果、抛光糖果≤30；焦香糖果、充气糖果≤

440；夹心糖果≤90；凝胶糖果≤90。

致病菌（沙门氏菌、志贺氏菌、金黄色葡萄球菌）不得检出。

5.6　茶蜜饯的生产工艺

蜜饯是以果蔬和糖类等为原料，添加（或不添加）食品添加剂和其他辅料，
经糖、蜂蜜或食盐腌制（或不腌制）等工艺
加工而成的食品。蜜饯食品中不但糖分或盐
分含量很高，不利于人体健康，而且风味单
一。在蜜饯的生产中添加茶，能在一定程度
上改善其不足之处，形成风味独特，糖、盐
分较低而保存期又能较长的茶蜜饯（黄妙云
等，2017）。目前，茶蜜饯的种类主要包括红
茶梅蜜饯（图 5-7）、绿茶地瓜蜜饯、茶香凤
梨蜜饯等。

图 5-7　红茶梅蜜饯

1．主要原料

茶蜜饯的主要原料包括茶叶、果类、蔗
糖、食盐等。

2．主要工艺

茶蜜饯的主要加工工艺流程如下：

物料预处理→腌渍→煮制与浸渍→干燥→拌和→成品。

1）物料预处理

选取物料，清洗干净，去掉表皮。

2）腌渍

将处理后的物料加入一定量的白糖或食盐进行腌渍，添加量为 10%左右。

3）煮制与浸渍

以茶粉与液料配比为 1∶10（质量比）的比例将茶粉与液料混合以制取茶汁，
将物料放入茶汁中进行煮制，先以大火烧开，再以文火熬煮 1～3h。以上述方法
制取茶汁，并将煮制后的物料投入该茶汁中浸渍，浸渍时间 36h，反复煮制和浸
渍共 3 次，使得在腌渍步骤中无需再以高糖和高盐来抑制腐败菌的生长，而且可
确保茶叶的有效成分以及茶的独特风味渗入食品组织内，同时茶叶中富含的茶多
酚也具有良好的防腐作用。

4）干燥

将物料取出进行自然晾干处理。

5）拌和

在干燥后的物料中加入茶粉并予以拌和。拌和茶粉后的蜜饯制品更具有茶风味，而且抗腐性也更强。茶粉的添加量根据蜜饯品具体类别而定，常用配比为1∶10（质量比）。

3. 质量标准

产品质量应符合《蜜饯卫生标准》（GB 14884—2016）、《蜜饯通则》（GB/T 10782—2006）等相关标准。

参 考 文 献

陈晶, 郭荣荣, 张江. 2017. 液态茶饮料加工技术现状及展望. 安徽农业科学, 38(13): 6893-6895.

陈玉琼, 倪德江, 张家年. 2000. 罐装绿茶水浸提条件的研究. 茶叶科学, (2): 40-44.

黄妙云, 郭美媛, 郭卓钊, 等. 2017. 茶味青梅蜜饯加工及其品质研究. 轻工科技, 33(7): 4-5.

黄潇, 邱荷婷, 王敬涵, 等. 2017. 响应面法优化抹茶蛋糕卷的制作工艺. 安徽农业大学学报, 44(6): 973-979.

江用文. 2011. 中国茶产品加工. 上海: 上海科学技术出版社.

蓝仁华, 何滢滢, 杨卓如. 1995. 速溶茶冷冻干燥最佳操作条件的研究. 食品科学, (9): 44-47.

李凤娟, 丁兆堂, 杜金华. 2004. 低温浸提茶汁的最优工艺条件. 食品与发酵工业, (4): 124-127.

李再兵, 龚淑英. 2001. 液态茶饮料的发展现状及研究进展. 茶叶, (3): 12-15.

李铮, 黄宇彤. 1998. 红茶雪糕的研制. 广西轻工业, (2): 19-20.

廖珺. 2017. 茶叶功能食品的开发现状及发展趋势. 食品研究与开发, 38(9): 202-205.

廖素兰, 黄志刚, 虞华玲. 2017. 响应面法研制抹茶锥栗曲奇饼干. 粮食与油脂, 30(12): 34-38.

林珊, 刘丽, 杨瑞娟, 等. 2015. 普洱茶软糖的研制. 食品安全导刊, (27): 142-145.

林智, 陈常兵, 白岩. 2017. 日本茶叶产业和科技现状考察. 中国茶叶, 39(12): 4-8.

刘殿宇, 梁素梅. 2009. 压力喷雾干燥系统在速溶茶粉生产中的应用及注意事项. 福建茶叶, (2): 42-43.

刘晶晶, 邓泽元, 刘娟. 2002. 速溶茶的研制. 南昌大学学报, (4): 60-63.

卢福娣, 童梅英. 2006. 冷后浑与红碎茶内质关系的研究. 中国茶叶加工, (4): 36-40.

宁井铭, 周天山, 方世辉. 2004. 绿茶饮料不同浸提方式研究. 安徽农业大学学报, (3): 38-41.

农绍庄, 宁楠, 伊霞. 2005. 微波萃取法生产速溶茶粉的研究. 大连大学学报, (2): 61-65.

任廷远, 安玉红. 2009. 富锌富硒有机茶面包研制. 粮油食品科技, 17(6): 6-8.

宋振硕, 杨军国, 张磊, 等. 2019. 烘焙类茶食品的研究进展. 食品工业科技, 40(1): 321-325.

孙素. 2006. 酶处理对绿茶提取液品质影响的研究. 杭州: 浙江大学.

孙艳娟, 张士康, 朱跃进. 2009. 膜技术结合冷冻干燥制备速溶茶的研究. 中国茶叶加工, (3): 15-17.

童大鹏. 2017. 红茶面包的研制及对淀粉消化特性的影响. 无锡: 江南大学.

万娅琼, 伍玉菡. 2011. 抹茶蛋糕加工工艺研究. 安徽农学通报(上半月刊), 17(23): 169-170.

吴雅红. 2005. 绿茶饮料褐变与沉淀生成及其控制研究. 广州: 广东工业大学.

夏涛, 时思全, 宛晓春. 2004. 微波、超声波浸提对茶汤香气的影响. 南京农业大学学报, (3): 99-102.

肖莹. 2018. 茶叶功能食品的开发及发展探讨. 福建茶叶, 40(8): 25-26.

谢朝敏, 温立香, 任二芳, 等. 2016. 六堡茶保健面包的研制. 食品科技, 41(12): 114-120.

杨文杰, 黄惠华, 张晨. 2005. 茶饮料浸提工艺的微波辅助萃取(MAE)应用研究. 食品研究与开发, (5): 55-59.

杨文雄, 高彦祥. 2005. 酶对改善茶汤萃取品质的研究. 食品工业科技, (4): 63-65, 69.

杨晓萍, 倪德江, 郭大勇. 2003. 微波萃取茶叶有效成分的研究. 华中农业大学学报, (5): 93-95.

尹军峰, 林智. 2002. 国内外茶饮料加工技术研究进展. 茶叶科学, 22(1): 7-13.

尹军峰, 权启爱, 罗龙新, 等. 2001. 绿茶汁澄清工艺的膜分离技术研究. 茶叶科学, 21(2): 116-119.

尹军峰. 2005a. 茶饮料加工用水的基本要求及处理方法. 中国茶叶, (6): 10-11.

尹军峰. 2005b. 茶饮料用茶叶原料的筛选和处理技术. 中国茶叶, (5): 12-14.

尹军峰. 2006a. 茶饮料加工中的灭菌技术. 中国茶叶, (3): 17-18.

尹军峰. 2006b. 茶饮料加工中的主要过滤澄清技术. 中国茶叶, (2): 12-13.

尹军峰. 2006c. 茶饮料提取技术及其主要影响因素. 中国茶叶, (1): 9-10.

张国栋, 马力, 刘洪. 2002. 绿茶饮料的制备及品质控制. 食品与机械, (1): 21-22, 28.

张凌云, 梁月荣, 孙其富, 2003a. 绿茶鲜汁浸提条件研究. 茶叶科学, (1): 49-53.

张凌云, 梁月荣, 孙其富. 2003b. 灭菌与老化处理对绿茶鲜汁饮料品质的影响. 茶叶科学, (2): 92-97.

张清改. 2017. 茶食加工制作历史初探. 四川旅游学院学报, (1): 13-16.

张远志, 林惠琴. 2006. 速溶茶超声波技术提取工艺的研究. 食品科学, (2): 254-256.

郑丽娜, 刘龙. 2013. 抹茶全麦饼干的研制. 现代食品科技, 29(6): 1362-1364.

郑玉芝, 程江山, 赵超艺. 2006. 微波提取制备速溶茶及其品质影响因素. 广东茶业, (3): 11-15.

周天山, 方世辉, 宁井铭. 2005. 陶瓷膜过滤对速溶绿茶品质的影响. 中国茶叶加工, (2): 21-22.

Karaman S, Kayacier A. 2012. Rheology of ice cream mix flavored with black tea or herbal teas and effect of flavoring on the sensory properties of ice cream. Food and Bioprocess Technology, 5(8): 3159-3169.

Pei Y L, Chen T C, Lin F Y, et al. 2018. The effect of limiting tapioca milk tea on added sugar consumption in taiwanese young male and female subjects. The Journal of Medical Investigation, 65(1. 2): 43-49.

Senanayake S P J N. 2013. Green tea extract: chemistry, antioxidant properties and food applications– A review. Journal of Functional Foods, 5(4): 1529-1541.

第6章 茶化妆品加工技术

6.1 茶化妆品概况

我国现为全球第二大化妆品市场，2020年市场规模预计接近5000亿元。我国《化妆品卫生监督条例》对化妆品的定义为：以涂擦、喷洒或者其他类似方法，施用于人体表面（皮肤、毛发、指甲、口唇等）、牙齿和口腔黏膜，以清洁、保护、美化、修饰以及保持其处于良好状态为目的的产品。

据统计，欧洲女性每年通过化妆品使用2.3kg的化学物质，这些物质很多可以被人体吸收。随着消费者安全意识的不断加强，人们在追求美丽的同时，开始关注化妆品和健康之间的关系。在环保美容消费理念的驱动下，"天然化妆品"、"草本化妆品"应运而生，天然化成为化妆品的一个重要发展趋势。目前，大量的植物成分已经进入化妆品配方设计，其中使用最多的有绿茶提取物、芦荟提取物、人参提取物、洋甘菊提取物、薰衣草油等（表6-1）。

表6-1 2011～2014年全球市场面部护肤品八大植物成分（单位：%）

植物成分	2011年	2012年	2013年	2014年	全样本统计
绿茶提取物	10.5	10.9	11.3	11.8	11.1
芦荟叶提取物	7.1	6.1	7.1	7.1	6.8
人参提取物	6.0	4.8	4.0	4.0	4.7
洋甘菊提取物	3.8	3.8	5.3	5.5	4.6
薰衣草油	3.6	3.8	3.9	4.6	3.9
迷迭香提取物	3.2	3.8	3.9	4.6	3.9
香橼果实提取物	3.4	3.3	3.4	4.1	3.5
金盏菊提取物	2.7	3.3	2.7	4.2	3.2

茶叶作为一种天然、健康、具有保健作用的饮用植物，在面部护肤品使用的植物成分中占11%以上，集天然化、疗效化、营养化等多种功能于一体，具有以下四个方面的特点。

1. 良好的美白养颜美容功效

皮肤的颜色最主要是由黑色素含量决定，黑色素的生成机理一般被认为是黑色素细胞内黑素体中酪氨酸经过酪氨酸酶催化合成。茶多酚的美白美容作用是一种综合效应，与其抗氧化、消除自由基、吸收紫外光、酶抑制能力有关：①茶多酚可有效地吸收紫外光，减少黑色素的生成，起到皮肤美白的功效。②茶多酚通过对酪氨酸酶和过氧化酶的抑制，达到美白作用。皮肤黑化、雀斑、褐斑和老年斑等与体内酪氨酸酶和过氧化酶的活性升高密切相关。酪氨酸酶在皮肤组织的黑色素细胞代谢中起催化作用，引起黑色素分泌增加，过氧化酶催化脂类过氧化分解生成丙二醛，加速皮肤老化。而茶多酚正好对酪氨酸酶和过氧化酶具有抑制作用。③茶多酚具有抗氧化作用，还可以使黑色素还原和脱色，抑制黑色素的生成。④茶多酚作为氢供体可消除自由基，具有良好的祛斑作用。

2. 收敛皮肤功效

茶多酚与蛋白质可以以疏水键和氢键方式发生复合反应，使人肌肤产生收敛作用，故通常称其具有收敛性。这一性质使含茶多酚的化妆品在防水条件下对皮肤有很好的附着能力，并且可使粗大的毛孔收缩，使松弛的皮肤收敛、绷紧而减少皱纹，从而使皮肤显现出细腻的外观。此外，茶多酚的收敛作用还可减少油腻性皮肤的油脂过度分泌。

3. 独特的抗菌消炎清洁功效

茶叶本身还具有多种药理活性和生理活性，如具有较强的抗菌作用和柔和的清洁、去火、消炎等功效。例如，日本推出的男士绿茶须后水正是利用了茶叶的这些功效，在防止男士剃须后的微小伤口产生感染的同时爽肤、护肤，达到消炎清洁的目的。

4. 延长化妆品货架期

茶叶提取物应用于化妆品中，除上述营养、保健皮肤的生理功效外，还可作为化妆品的抗氧化剂。许多化妆品都含有动植物油脂，在长时间存放过程中，油脂在空气、水分、光和微量金属离子作用下会发生氧化变味、变色。为了延长化妆品的货架期，要在产品中加入抗氧化剂，茶多酚能与油脂自动氧化时生成的游离基相互作用，切断连锁反应，对油脂的酸败变质有明显减缓作用，从而延长产品货架期，保障化妆品的质量。

6.2 茶化妆品的生产工艺

皮肤是人体的屏障，保护着体内各组织和器官免受外界的机械性、物理性、化学性或生物性侵袭和刺激，同时具有天然的保湿性能。皮肤分表皮、真皮和皮下组织三部分，每个部分对皮肤的保湿性能起到各自的生理作用。

皮肤表皮层是直接与外界接触的部分，其中从外向内与保持水分关系最为密切的是角质层、透明层和颗粒层。颗粒层是表皮内层细胞向表层角质层过渡的细胞层，可防止水分渗透，对贮存水分有重要的作用。透明层含有角质蛋白和脂类物质，可防止水分及电解质等透过皮肤。角质层是表皮的最外层部分，由角质形成细胞不断分化演变而来，重叠形成坚韧富有弹性的板层结构。角质层细胞内充满了角蛋白纤维，属于非水溶性硬蛋白，对酸、碱和有机溶剂具有抵抗力，可抵抗摩擦，阻止体液的外渗以及化学物质的内渗。角蛋白吸水能力强，角质层不仅能防止体内水分的散发，还能从外界环境中获得一定的水分。健康的角质层细胞脂肪含量一般为7%，水分含量为15%～25%，如水分含量降至10%以下，皮肤就会干燥发皱，产生肉眼可见的裂纹甚至鳞片，即为皱纹。

真皮在表皮之下，主要由蛋白纤维结缔组织和基质组成。真皮结缔组织中主要成分为胶原纤维、网状纤维和弹力纤维，这些纤维的存在对维持正常皮肤的韧性、弹性和充盈饱满程度具有关键作用。纤维间基质主要是多种黏多糖和蛋白质复合体，可以结合大量水分，是真皮组织保持水分的重要物质基础。真皮中水分含量的下降可影响弹力纤维的弹性，胶原纤维也易断裂。

皮下组织由疏松结缔组织和脂肪组织组成，它将皮肤与深部的组织连接在一起，并使皮肤具有一定的可动性。皮下组织为真皮和表皮输送营养成分，促进表皮细胞的新陈代谢。在皮下组织丰富的部位，皮肤不容易产生皱纹（如腮部），而在皮下组织浅薄的部位，则易产生皱纹（如眼部）。

常见的肤用化妆品主要有清洁类化妆品和护理类化妆品，清洁类化妆品主要有洗面奶、卸妆水、清洁霜、面膜、浴液、花露水、茶皂等，护理类化妆品主要有护肤膏霜、乳液、化妆水等。目前含茶的肤用化妆品主要有茶叶洗面奶、茶面膜、茶手工皂、茶护肤霜、茶洗发水（膏）等，因此以下主要对这五类含茶的肤用化妆品展开论述。

6.2.1　茶叶洗面奶

1. 洗面奶

洗面奶为弱酸性或中性白色乳液，用于面部皮肤清洁，具有良好的流动性、延展性和渗透性，组成一般包含油性组分、水性组分、表面活性剂和营养成分四种基础原料。油性组分是洗面奶中的溶剂和润肤剂，常用的有矿油、肉豆蔻酸异丙酯、棕榈酸异丙酯、辛酸/癸酸甘油酯以及羊毛脂等。水性组分主要用于去除汗液、水溶性污垢，常用的有水、甘油、丙二醇等。表面活性剂有润湿、渗透、发泡、乳化和去污作用，常用的有阴离子型表面活性剂、两性表面活性剂和非离子型表面活性剂等低刺激性表面活性剂，如十二烷基硫酸三乙醇胺、月桂醇醚琥珀酸磺酸二钠、椰油酰胺丙基甜菜碱、椰油单乙醇酰胺、椰油羟乙基磺酸钠／混配硬脂酸、月桂酰肌氨酸钠盐等。

2. 茶叶洗面奶的生产工艺

茶叶洗面奶是指将超微茶粉或茶叶提取物（如茶多酚等）作为主要营养成分添加至洗面奶中制成的产品。一种含有茶多酚的洗面奶配方见表 6-2。

表 6-2　一种含有茶多酚的洗面奶配方

成分		质量分数/%
油相	十二酸	5
	十四酸	6
	十八酸	19.5
	甘油单酐酯	1
水相	去离子水	37
	茶多酚	1
	甘油	8
	聚乙二醇 400	5
	山梨醇	5
	氢氧化钾	6.25
	EDTA-2Na	0.1
表面活性剂	椰油酰甘氨酸钾	10
防腐剂	DMDM 乙内酰脲	0.1
香精	香精	0.05

茶多酚洗面奶的制备工艺：

（1）准确称量以上油相体系，78℃保温。

（2）依次将 EDTA-2Na、甘油、聚乙二醇 400、山梨醇、氢氧化钾加入去离子水中，加热至 78℃搅拌至完全分散，然后加入茶多酚，搅拌均匀，于 78℃保温。

（3）对油相体系开启机械搅拌，将水相以中等流速加入，保持搅拌约 5min，升高温度至 85℃，保温 60min。

（4）冷却温度至 75℃，加入椰油酰甘氨酸钾保温 5min，使之被皂基吸收。

（5）冷却至 40℃，加 DMDM 乙内酰脲、香精，按单一方向搅拌，至形成均匀的洗面奶。

除了添加上述茶多酚外，还可以添加各种茶叶（如绿茶、红茶、白茶、黑茶等）提取物或者超微茶粉，制成绿茶洗面奶、红茶洗面奶、白茶洗面奶、黑茶洗面奶等各种各样的茶叶洗面奶（图 6-1）。

图 6-1　绿茶洗面奶（右一）、绿茶面膜（左一）、红茶洗面奶（右二）、
红茶面膜（左二）产品

6.2.2　茶面膜

1. 面膜

面膜是清洁、护理、营养面部皮肤的化妆品。面膜的作用机理是先在面部皮肤上形成薄膜，将皮肤与外界隔绝，随着其逐渐干燥，皮肤绷紧、温度升高、毛孔出汗，在剥离或洗去面膜时即可把皮肤的分泌物、皮屑、污物带出，使毛孔清洁；同时，面膜中含有的营养物质、功效成分等能有效渗入皮肤，起到增进皮肤机能、改善肤质的作用。

2. 茶面膜的生产工艺

面膜清洁、护理面部皮肤的时间较长，茶叶中的健康营养成分，如茶多酚、氨基酸、维生素、矿物质、蛋白质等，能与皮肤相互作用，改善皮肤机能、清除自由基，从而达到美容养颜的功效。根据添加的茶叶提取物或者超微茶粉的不同，可制成绿茶面膜、红茶面膜、白茶面膜、黑茶面膜等各种各样的茶叶面膜（图 6-1）。

一种超微绿茶粉面膜的配方见表 6-3。

表 6-3 一种超微绿茶粉面膜的配方

	成分	质量分数/%
A 相	聚乙烯醇	10
	钛白粉	2
	羧甲基纤维素钠	4
	甘油	1
	乙醇	10
B 相	超微绿茶粉	4
C 相	尼泊金甲酯	0.1
	香精	适量
	去离子水	加至 100

超微绿茶粉面膜制备工艺为：

（1）A 相制备。称取聚乙烯醇，加入少量乙醇润湿，静置 10min，然后加入适量 70～80℃热水，置于（80±5）℃水浴中充分搅拌，直至溶解；称取钛白粉、羧甲基纤维素钠和甘油，加入适量水中，置于（80±5）℃水浴中充分混匀，直至溶解；趁热将上述两种溶液混合均匀，得到黏性溶液。

（2）B 相制备。称取超微绿茶粉，用少量冷水浸泡 20min，然后适当超声得到均匀的悬浊液。

（3）称取尼泊金甲酯和香精，溶于剩下的乙醇中。

（4）混合。待 A 相降温至 40～50℃时，加入 B 相和 C 相，充分搅拌均匀，得到超微绿茶粉面膜。

6.2.3 茶手工皂

1. 手工皂

手工皂是利用天然油脂与碱液之间的皂化反应，人工制作而成的肥皂。手工皂既可用于洗面，又可用于沐浴。手工皂的泡沫细腻丰富，能较好地清除毛孔深处的油污，使肌肤滋润光泽，富有弹性。

手工皂的制皂方法主要有冷制法、热制法、融化再制法、再生制皂法。冷制法为最古老的制造方法，是利用油脂中三酸甘油酯成分与碱液进行皂化，但由于新制成的皂属强碱性，水分含量也较高，需经 3～4 周的熟成期才可使用。热制法是利用加热加快皂化，优点是不用 3～4 周的熟成期，其缺点是成皂不如冷制法细致，经高温制作容易把油脂的精华成分流失。融化再制法是手工皂最简单的制法，它是利用在市面上买的现成皂基经加热熔化后注入特定的模子，经一段时间冷却干硬后即可脱模完成。再生制皂法是指采用冷制法后对成品不满意或想再制成想要的形状，把香皂切成小块状或刨丝再加入适量水再次加热，重新入模。

2. 茶手工皂的生产工艺

茶手工皂是基于手工皂的基础配方，加入茶叶提取物、茶油等配制而成的新型手工皂。茶手工皂除了具备一般手工皂用于洗面、卸妆、沐浴等功能，其独有的茶叶健康营养成分，能够深入皮肤肌理，改善肌肤新陈代谢环境，缓解肌肤疲劳。

一种绿茶手工皂的配方见表 6-4。

表 6-4　一种绿茶手工皂的配方

成分	质量分数/%	成分	质量分数/%
椰子油	20	橄榄油	30
棕榈油	10	氢氧化钠	10
可可脂	5	绿茶水提物粉末	1
霍霍巴油	5	去离子水	19

绿茶手工皂主要制备工艺如下：

（1）将水和氢氧化钠置于容器中，一直搅拌到水变得透明为止。

（2）一边搅拌一边将油逐渐加入容器中，用搅拌器搅拌 10min 左右。

（3）倒入绿茶水提物粉末。

（4）继续仔细搅拌 10min 左右，直至绿茶水提物粉末彻底均匀地分散开来。此时，液体开始逐渐变稠。

（5）停止搅拌，2～3min 以后，将其注入模具中。

（6）静置 1～2 天，此时，液体在模具中发生皂化反应。

（7）从模具中将手工皂取出，切成适当大小的方块，放在通风处，避开日光直晒，放置一个月以后，制作完成。

6.2.4　茶护肤霜

1. 护肤霜

护肤霜是人们日常生活特别是秋冬季节的必需品。一般而言，护肤霜有补水保湿的作用，特殊的还有美白、祛斑等其他功效。它对皮肤不仅起到滋润作用，还可以有效地抵御外界对皮肤的伤害，在皮肤表层形成一道良好的保护膜。

2. 茶护肤霜的生产工艺

茶叶含有的茶多酚具有很好的抗氧化性。据报道，其抗氧化能力比维生素 E、二丁基羟基甲苯（BHT）、丁基羟基茴香醚（BHA）强 3～9 倍，是一种高效的抗氧化剂和人体自由基去除剂，具有良好的抗衰老和护肤效果。茶叶含有的氨基酸、蛋白质、维生素类、矿物质元素等也是很好的皮肤营养成分，其单体已广泛用于化妆品中。因此，茶叶提取物是一种很好的护肤化妆品原料，用其制备的护肤霜具有护肤、抗衰老作用，又有一定的防晒功能，符合国际化妆品天然化、营养化、疗效化的发展趋势。

一种含茶润肤型护肤霜的配方见表 6-5。

表 6-5　一种含茶润肤型护肤霜配方

组成	质量分数/%	组成	质量分数/%
200cst 硅油	6	硬脂酸	3
棕榈酸异丙酯	8	甲基葡萄糖倍半硬脂酸酯	1.5
辛酸/癸酸甘油酯	4	PEG-20 甲基葡萄糖倍半硬脂酸酯	1.5
羊毛脂	2	甘油	4
维生素 E	2	香精、防腐剂	适量
十六十八醇	3.5	绿茶提取液（1∶10 茶水比提取）	余量

茶护肤霜的制备工艺如下：

（1）将水和水溶性物质混合溶解，加热至 85℃，为水相。

（2）将油和油溶性物质混合，加热至 85℃，为油相。

（3）将油相和水相混合，高速剪切乳化 5min，然后搅拌冷却至 50℃，加入防腐剂、香精，搅拌混合均匀，即为产品。

6.2.5　茶洗发水（膏）

1. 洗发水（膏）

洗发水（膏）是人们日常生活的必需品，有助于去除头发以及头皮表面的油污和皮屑。目前，洗发用化妆品已经从单纯的清洁化妆品向兼具营养、护理等多功能方向发展。

洗发水（膏）的配方主要由主表面活性剂、辅助表面活性剂、添加剂这三种成分组成。

1）主表面活性剂

主表面活性剂主要是提供良好的去污力和丰富的泡沫，常用的主要是阴离子型表面活性剂，如以下三种。

（1）脂肪醇硫酸盐（AS）。AS具有很好的发泡性和去污力，水溶性良好且呈中性，对硬水稳定，包括钾盐、钠盐、铵盐、乙醇胺盐等。但是，该类表面活性剂在水中的溶解度不够高，对皮肤、眼睛具有轻微的刺激。

（2）脂肪醇聚氧乙烯醚硫酸盐（AES）。AES是AS与环氧乙烷加成聚合得到的改良表面活性剂，其亲水性增加。AES性能较AS优越，不但具备非离子型表面活性剂的特性，而且刺激性低于AS，水溶性比AS好。

（3）烯基磺酸盐（AOS）。这种表面活性剂具有较好的起泡性、生物降解性、皮肤温和性、低pH值稳定性等。

2）辅助表面活性剂

辅助表面活性剂的作用是增强主表面活性剂的发泡性和泡沫稳定性，改善洗涤性和调理性，同时减轻主表面活性剂的刺激性，主要有非离子型和两性表面活性剂两种类型，包括：

（1）脂肪酸单甘油酯硫酸盐。月桂酸单甘油酯硫酸铵是较为常用的一种，其洗涤性能类似月桂醇硫酸盐，但比脂肪醇硫酸盐更易溶解。在硬水中性能稳定，有良好的起泡性，能使头发洗后柔软而富有光泽，但是易被水解成脂肪酸，因此须保持pH值在弱酸性或中性。

（2）琥珀酸酯磺酸盐。主要有脂肪醇琥珀酸酯磺酸盐、脂肪醇聚氧乙烯醚琥珀酸酯磺酸盐和脂肪酸单乙醇酰胺琥珀酸酯磺酸盐等，这类表面活性剂具有良好的洗涤性和发泡力，对皮肤和眼刺激性小，属于温和型表面活性剂，故常用于柔性洗发水和婴儿洗发水中。

（3）甜菜碱类。这类表面活性剂可与阴离子型表面活性剂配伍，具有增加黏稠度的作用，也可单独使用，主要有烷基甜菜碱、咪唑啉甜菜碱等。

（4）环氧乙烷缩合物。属于非离子型表面活性剂，包括脂肪醇乙氧基化合物、脂肪酸乙氧基化合物、烷基酚乙氧基化合物等。这类表面活性剂具有刺激小、去污力强、耐硬水等特点，但是由于起泡性差，一般不单独使用。

（5）长链烃替氨基酸同系列两性表面活性剂。这类表面活性剂在酸、碱性溶液中分别生成阳离子、阴离子，因此在合适的酸碱度下能与阴离子型或阳离子型表面活性剂分别配伍。

（6）烯基醇酰胺。常用作脂肪醇硫酸盐、醇醚硫酸盐的增泡剂和泡沫稳定剂，并可提高黏稠度，具有增强去污力的作用。

（7）氧化脂肪胺类。这是一类非离子型表面活性剂，用作泡沫稳定剂、调理剂和抗静电剂。

（8）阳离子型表面活性剂。阳离子型表面活性剂的去污力和发泡力比阴离子型差，通常只用作调理剂。

3）添加剂

添加剂的作用是赋予洗发水某种理化特性，常用的有增泡剂、增稠剂、稀释剂、澄清剂和抗头屑剂等。茶洗发水（膏）是指在添加剂配方中添加茶叶提取物的洗发水（膏）。

2. 茶洗发水（膏）的生产工艺

茶洗发水（膏）主要有两种形式，一种是将茶叶提取物作为营养物质添加至洗发水（膏）中（以表 6-6 为例），另一种是将茶叶或茶籽中的茶皂苷作为一种天然的表面活性剂添加至洗发水中（以表 6-7 为例）。

表 6-6　一种绿茶洗发水配方

成分	质量分数/%	成分	质量分数/%
乳化硅油	3	绿茶提取液（1∶50 茶水比提取）	25
椰子油脂肪酸单乙醇酰胺	2	绿茶香精	1.5
十二烷基硫酸铵	12	凯松	2
柠檬酸	6	双十二碳醇酯	0.5
氯化钠	6	水	35

绿茶洗发水的加工工艺：

（1）称取一定量绿茶，按 1∶50 的茶水比加入沸水，煮沸 20min，加热后冷却过滤制得绿茶提取液备用。

（2）将十二烷基硫酸铵加入容器中升温至 65℃，搅拌直至溶解。

（3）向步骤（2）溶液中加入椰子油脂肪酸单乙醇酰胺，保温搅拌 20min，之后加入绿茶香精和乳化硅油，保温搅拌 10min。

（4）加入水升温到 80℃，再加入绿茶提取液，2min 后加入防腐剂，再过 1min 加入氯化钠和双十二碳醇酯，降温至 60℃再搅拌 5min 后用柠檬酸调节 pH 值至中性，得到含有绿茶提取液的洗发水。

表 6-7　一种茶皂苷为表面活性剂的茶叶洗发水配方

成分	质量分数/%	成分	质量分数/%
十二烷基醇聚氧乙烯醚硫酸盐	14	EDTA-2Na	0.1
精制茶皂苷	8	氯化钠	1~2
烷基酚聚氧乙烯醚	9	柠檬酸	0.1
椰子油二乙醇酰胺	4	生姜汁	适量
乳化硅油	2	何首乌浸提膏	适量
甘油	1	去离子水	余量

茶皂苷洗发水的加工工艺：

（1）称取一定量的十二烷基醇聚氧乙烯醚硫酸盐，加入一定量的蒸馏水中，不断搅拌下放置于70℃水浴锅中使其充分溶解。

（2）在60℃水浴下加入精制茶皂苷并充分搅拌。

（3）加入椰子油二乙醇酰胺与烷基酚聚氧乙烯醚，搅拌使其全部溶解。

（4）加入少量生姜汁、何首乌浸提膏、乳化硅油、EDTA-2Na 等，用氯化钠调节黏度，柠檬酸调节 pH 值至中性，冷却到室温，即可得到成品洗发液。

参 考 文 献

曹江绒. 2014. 茶皂素的提取、纯化及在洗发液中的应用研究. 西安: 陕西科技大学.

崔文颖, 杨高云, 李妍. 2011. 植物精华对皮肤美白作用的研究进展. 首都医科大学学报, 32(4): 479-483.

龚盛昭, 叶孝兆, 骆雪萍. 2002. 利用废茶制备护肤霜的研究. 广西化工, 31(1): 12-13, 26.

倪志华, 李云凤, 徐陛梅, 等. 2017. 茶多酚功能性面膜的制备及其稳定性研究. 山东化工, 46(20): 12-13.

田丽丽, 刘仲华, 李勤, 等. 2007. 茶多酚在化妆品中的研究进展. 广东茶业, 2: 15-17.

王彬, 刘婧, 蒋玉兰, 等. 2013. 超绿活性茶粉面膜的研制. 农产品加工(学刊), (23): 16-18, 21.

余丽丽, 赵婧, 张彦, 等. 2017. 化妆品: 配方、工艺及设备. 北京: 化学工业出版社: 12.

张婉萍. 2018. 化妆品配方科学与工艺技术. 北京: 化学工业出版社: 3.

周宏林. 2015a. 一种绿茶洗发水: 中国, CN104997691A.

周宏林. 2015b. 一种绿茶洗发水的制备方法: 中国, CN105012189A.

第 7 章　茶染纺织品加工技术

7.1　茶染的发展简史

茶染是草木染的一部分，它是在茶文化兴盛时期孕育发展出来的，其制作材料就是茶，用茶汤给棉、麻、丝绸等材料染色。茶染凝聚了我国传统文化的精髓，它不但是一种传统的染色方式，更是一种充满智慧的生活方式，其蕴含的文化和艺术价值是不可估量的。茶染发展的历史也随着社会经济的发展赋予不同的内涵。

茶叶染物始记于五代，用茶染纸以获得陈旧感。五代的《疑狱集》第 8 卷中记载：陵州某吏用茶水染纸，使之"类远年"（即做旧）。茶染用于染布帛最早记载是在元代的《居家必用事类全集》中。《居家必用事类全集》是记录日常生活百科知识的通书，分甲、乙、丙、丁、戊、己、庚、辛、壬、癸 10 集，庚集又分为饮食类、染作类、洗练、香谱等。"染作类"专论布料染色的方法，包括染小红、染枣褐、染椒褐、染明茶褐、染荆褐、用皂矾法、染砖褐法、染青皂法、络丝不乱法等。其中染砖褐条载："用红茶染，铁浆轧之"，言指用红茶染后再用铁浆浸轧可得砖褐色。元末明初的吴继在《墨娥小录》中记载了茶染的方法："老茶叶晒燥，煎浓汁，去脚。黑豆壳煎汁，入绿矾少许，和茶叶浓汁中，搅匀染物。"明代《多能鄙事》第 4 卷也载有染砖褐法，不同的是"用江茶"而非红茶，然后也是"铁浆轧之"。《中国茶叶大辞典》中对"江茶"的定义是"宋代对江南地区茶叶的统称"。在南宋《建炎以来朝野杂记》中也有"江茶，在东南草茶中最为上品"的相关表述。除染布、帛之外，历史上还有用茶叶染白棉以充紫棉的记载。中华民国时期的《宝山县续志》紫棉条载："紫棉俗称紫花，收获视白棉较晚而少，故种者不多，然织成布定价亦稍昂，妇女或纺白棉成纱，用红茶叶配色染之，与真者无异"。

现代用于茶染的纺织物种类更加丰富，其中天然纺织品有丝绸、棉、麻、羊毛等，化纤织物有锦纶、涤纶等。适合用作染料的茶类也更加多样化，主要有绿茶、红茶、乌龙茶、普洱茶，另外一些茶提取物如茶多酚及其氧化物等也可直接用于茶染。由茶染衍生的产品如茶字画、茶服等还成为喜茶之人的新宠。

7.2　天然茶叶染料的结构与性质

自然界很多植物都含有大量色素，但并不是所有植物都适合染色。茶树是一种常绿植物，更是一种经济作物，叶片不但可以用于制作色香味俱佳的饮品，也可用来制作天然染料。由于茶叶所含的色素种类及性质有所不同，着色性能也各异。从茶叶中提取的色素，可分为两大类：一类是脂溶性色素，如叶绿素类化合物，另一类是水溶性色素，如类黄酮化合物。

1. 叶绿素类化合物

叶绿素广泛分布在植物的叶子中，是一类与光合作用有关的重要色素。叶绿素吸收大部分红光和紫光，反射绿光，故呈绿色。叶绿素稳定性较差，在光、氧、氧化剂、酸、碱条件下会分解。叶绿素分子是由两部分组成的，核心部分是具有光吸收功能的卟啉环，另一部分是称为叶绿醇的长脂肪烃侧链，各种叶绿素之间的结构差别很小。核心部分由四个吡咯环的 α-碳原子通过次甲基相连而成，是复杂的共轭体系，在四个吡咯环的中间位置，四个亚氨基可通过配位键与不同金属离子相结合，叶绿素中结合的是镁离子。

茶叶中的叶绿素类化合物主要是叶绿素及其降解产物，主要有叶绿素 a、叶绿素 b、脱镁叶绿素 a、脱镁叶绿素 b、脱镁叶绿酸酯 a、脱镁叶绿酸酯 b 等。叶绿素通过改性，可制得茶绿色素。叶绿素不溶于水，溶于有机溶剂如乙醇、丙酮、乙醚和氯仿等。叶绿素吡咯环中的镁离子可被氢离子、铜离子或锌离子取代，从而产生不同的颜色变化。在酸性条件下，被氢离子置换可转变为棕色的去镁叶绿素，去镁叶绿素易再与铜离子结合，形成铜代叶绿素，其颜色会比原来更稳定，且对光和热的稳定性较高，但目前鲜见以茶绿色素上染纺织品的报道。

2. 类黄酮化合物

相较于脂溶性色素而言，茶叶中的水溶性色素种类较多，主要是类黄酮化合物，存在于茶树的花、茎、叶和果实中，为 2-苯基苯并吡喃环结构的化合物，多以糖苷形式存在。这类天然染料分子结构中含有多个酚羟基，具有较好的水溶性，是典型的媒染染料。按结构可分为黄酮类和花青素。

黄酮类化合物是茶叶中的主要呈味组分，也是茶叶染料的主体成分。这类物质主要有茶多酚（儿茶素）及其氧化物，主要包括儿茶素、茶黄素（TF-1、TF-2、TF-3）、茶红素、茶褐素等几种常见组分，前面已述，不再赘述。以茶多酚及其氧化物染色的织物能有效抑制有害菌的滋生，并具有抗紫外线、除臭等保健功效。

花青素也称花色素，广泛存在于植物的叶和花中，由于细胞液 pH 值不同而呈现不同颜色，是赋予花朵绚丽多彩颜色的主要色素成分。花青素色谱十分丰富，包括从橙红到蓝紫色谱范围。花青素由苷元与糖苷构成，主体为 2-苯基苯并吡喃阳离子。由于取代基的不同，形成各种各样的花青素苷元，常见的有天竺葵色素、矢车菊色素、飞燕草色素、芍药色素、牵牛色素和锦葵色素。花青素苷元 C-3、C-5、C-7 上的羟基可以与一个或多个单糖、二糖或三糖通过糖苷键形成花青素，因糖苷种类、位置和数量不同，花青素种类多种多样，但目前有关茶叶中花青素染色纺织品的报道很少见。

7.3　天然茶叶染料的提取

染料提取是开展织物染色的前提条件，通过浸煮的方式提取植物染料是历史最悠久，也是较为常用的方法。即将植物茎、叶、果等材料煮沸后，提取汁液，用作染液。但不同植物提取染液的方法也不尽相同，在不同温度、不同酸碱环境下，所提取的染液得色率也是不同的。茶叶染料既可用中性溶液（如纯水）提取，也可用碱性溶液提取。

7.3.1　天然茶叶染料的水提工艺

茶叶染料提取前，先将茶叶切细或粉碎，较利于色素的提取。如果需要深浓的颜色，可将提取液浓缩后再染色。黄旭明等（2005）报道了两种提取茶叶染料的方法。

方法 1：将适量茶叶加入蒸馏水中，搅拌并加热至沸腾，沸腾 3h 后，加水保持浴比，冷却后静置 15min，过滤，得滤液作染液。

方法 2：将适量茶叶加入圆底烧瓶中放入 80% 的乙醇，用索氏提取器提取 3～4h，蒸馏出乙醇，所得染料烘干后制备染液。

除了水煮法提取茶叶染料，吉婉丽（2016）还以市售茶叶为原料，在料液比为 1∶30 条件下，采用超声波提取茶叶染料，获得了最佳的工艺参数：超声波频率 40kHz，提取温度 50℃，提取时间 40min（图 7-1～图 7-3）。相对于传统方法，提取时间缩短了。

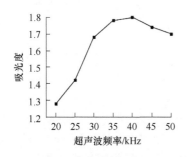

图 7-1　超声波频率对茶色素提取效果的影响

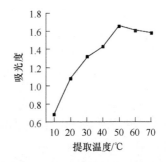

图 7-2　提取温度对茶色素提取效果的影响

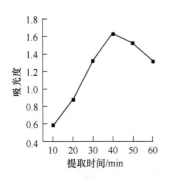

图 7-3　提取时间对茶色素提取效果的
影响

7.3.2　天然茶叶染料的碱法提取工艺

碱法提取茶叶染料，通常采用碳酸氢钠和碳酸钠调配提取液的酸碱度。其中采用碳酸钠水溶液提取茶叶天然染料，通过比较染色蚕丝织物的 *K/S* 值筛选出最佳的提取参数（陈美云等，2011）。由表 7-1、表 7-2 和表 7-3 可知，碱法提取茶叶染料的适宜工艺参数为碳酸钠用量 8g/L，提取温度 90℃，提取时间 40min，所得染料着色蚕丝织物具有较好的牢度。

表 7-1　碳酸钠用量对提取效果的影响

碳酸钠用量/（g/L）	0	2	4	6	8	10
K/S 值	3.929	5.516	6.234	6.239	6.611	6.36

表 7-2　提取温度对提取效果的影响

提取温度/℃	50	60	70	80	90	100
K/S 值	3.713	4.318	5.261	6.431	6.838	6.426

表 7-3　提取时间对提取效果的影响

提取时间/min	10	20	30	40	50	60
K/S 值	5.528	6.146	6.501	6.667	6.649	6.739

不仅弱碱可提取茶叶染料，强碱也可提取。杨晓萍和郭大勇（2003）用 1% 氢氧化钠在 80℃水浴下加热 90min，使叶绿素皂化，然后调整溶液 pH 值为 3.0，再在 80℃水浴煮 60min，促使铜代完全。由此法制得的水溶性茶绿色素在 pH 值为 2.2～5.0 时，较为稳定，但尚未用于织物的染色。

7.4　茶染纺织品的生产工艺

天然茶叶染料对丝织物、棉织物、羊毛织物、涤纶织物等不同质地织物的着色效果存在着明显差异。目前，采用茶叶染料染色织物的方法主要有直接染色法和媒染染色法。直接染色法就是将茶叶染料制成染液，织物直接在其中浸染上色。此法操作方便，但着色效果欠佳（黄旭明等，2005；高妍等，2017）。吉婉丽（2016）

在直接染色时采用超声波技术助染，不仅提高了织物的上染率，改善了匀染性，还缩短了染色时间，进而优化得到的最佳工艺参数为：超声波频率 35kHz，染色温度 60℃，染色时间 50min，促染剂 20g/L。但是，直接染色法的着色效果较差，因而多采用媒染染色法。媒染染色法是指利用金属盐、稀土、单宁等媒染助剂来提高茶染织物的着色程度和色牢度的染色法。按媒染剂的添加方式不同，媒染染色法可分为预媒染色法、同浴染色法和后媒染色法。

7.4.1　丝织物的茶染工艺

蚕丝是熟蚕结茧时分泌丝液凝固而成的连续长纤维，也称"天然丝"，主要由丝素和包覆在丝素外的丝胶组成，它们都是蛋白质，主要组成元素为碳、氢、氧、氮。丝素蛋白质呈纤维状，不溶于水；丝胶蛋白质呈球形，能溶于水，除此之外，还有少量的蜡质、脂肪和灰分等。蚕丝和羊毛同样都是天然蛋白质纤维，化学结构有许多相同和相似之处。由于茶叶染料在蚕丝上染的性能受染色工艺的影响，故多采用媒染染色法着色丝织物。黄旭明等（2005）比较不同媒染方法在蚕丝上的着色性能，发现在 Fe^{2+} 和 Cu^{2+} 作媒染剂时，后媒染色法的染色效果最佳（表 7-4），但是，不同媒染剂的染色结果不一。茶叶媒染丝绸样品的色光很不一样，原因是不同的金属离子与茶叶染料分子结合的状况不同，所得织物颜色均为咖啡和棕色色系。考虑到重金属盐对生态环境的不利影响，仅探讨了 Cu^{2+} 和 Fe^{2+} 的媒染工艺。根据织物的 K/S 值和色牢度（表 7-5 和表 7-6），建议在用茶叶染料媒染染色丝绸时，选用的媒染剂为硫酸铜与硫酸亚铁。适宜的染色工艺参数为：茶叶染料质量浓度均为 7.5g/L，硫酸铜质量浓度为 2g/L，或者硫酸亚铁质量浓度为 5g/L，浴比 1：40，染液升温至 90℃保温染色 60min，然后取出织物置于 45℃媒染剂溶液中处理 45min。

表 7-4　不同媒染剂的染色结果

染色方法	媒染剂	K/S 值	水洗牢度/级		摩擦牢度/级	
			褪色	棉沾色	干摩	湿摩
直接染色	—	3.23	2～3	4	4	3～4
	—	3.43	2～3	4	4	3～4
预媒染色	Cu^{2+}	10.32	4	5	5	4～5
	Fe^{2+}	12.64	4	5	4～5	4～5
同浴媒染	Cu^{2+}	15.43	4	5	4～5	4
	Fe^{2+}	8.99	3～4	4～5	4～5	4
后媒染色	Cu^{2+}	7.25	4～5	5	5	4～5
	Fe^{2+}	7.51	4	5	4～5	4

注：茶叶染料质量浓度为 5g/L，媒染剂质量浓度为 5g/L，浴比为 1：20。

表 7-5　媒染剂在不同浓度下染色的织物性能

媒染剂	质量浓度/ （g/L）	K/S 值	水洗牢度/级		摩擦牢度/级	
			褪色	棉沾色	干摩	湿摩
Cu^{2+}	0	3.54	4～5	4～5	3～4	3～4
	2	6.02	4	5	4～5	3～4
	5	6.48	4～5	5	4～5	4
	8	6.38	4～5	4～5	4～5	4
	11	6.29	4～5	5	4～5	4～5
Fe^{2+}	0	3.12	4	4	4	3～4
	2	4.76	4～5	5	4	3～4
	5	8.03	4	5	4～5	4
	8	4.68	4	4～5	4～5	4
	11	4.54	4～5	4～5	4～5	4

表 7-6　不同浓度茶叶染料染色的织物性能

媒染剂	茶叶染料浓度/ （g/L）	K/S 值	水洗牢度/级		摩擦牢度/级	
			褪色	棉沾色	干摩	湿摩
Cu^{2+}	5.0	7.25	4～5	5	5	4～5
	7.5	9.77	4～5	5	5	4～5
	10.0	8.24	4	5	4～5	4
	12.5	8.40	4～5	5	4～5	4
Fe^{2+}	5.0	7.32	4	5	5	4～5
	7.5	9.80	4	5	4～5	4～5
	10.0	9.53	4	5	4～5	4
	12.5	9.27	3～4	4～5	4～5	4

　　下面以实例说明丝织物的茶染工艺，工艺流程如图 7-4 所示。即丝织物在纯水中浸泡 20～30min 后取出，脱水；茶染液按 1∶100 的料液比（茶多酚与水）配制，并升温到 90℃；浸染时浴比为 1∶40，在 90℃左右染色 1～1.5h；染色结束后，用清水反复漂洗后晾晒至干。

图 7-4　丝织物的茶染工艺流程

7.4.2　棉织物的茶染工艺

　　棉是一种天然植物纤维，主要由纤维素组成。纤维素是一种多元醇，但在邻近的聚合物分子羟基间的强氢键不容易断开，即水不能渗透入纤维内部，也就不溶于水。然而棉却是一种相对亲水的吸水性纤维，得益于它的多孔结构，也为其着色奠定了基础。研究发现，茶染棉织物的着色程度也受媒染方法影响，郭丽等（2012）发现同浴媒染的棉纤维亮度较高，色度较低。选择单宁酸、乙酸锌和硫酸铝钾为媒染剂，采取后媒染色的方式，用绿茶萃取液对棉纤维进行染色，发现乙酸锌作为媒染剂，其染色纤维相应的 K/S 值最大，但染色牢度相对较差；单宁酸染色后在纤维的表面仍清晰可见棉纤维特有的沟槽结构，乙酸锌和硫酸铝钾染色后的纤维表面沉积了一层不溶性络合物；媒染后棉纤维的断裂强力略有下降，酸性条件下染色下降更为明显，断裂伸长率呈现一定幅度的上升趋势。高妍等（2017）以硫酸铜为媒染剂，进行同浴媒染，所用硫酸铜浓度为 12g/L、染色温度 90℃、染色时间 40min 时，着色织物的 K/S 值达 1.89，干摩擦牢度达 4～5 级，湿摩擦牢度达 3～4 级，沾色等级为 5 级，变色等级为 2 级。

　　相比而言，茶多酚用作染料的成本较高，但易于纺织工业生产。唐慧和唐人成（2011）对比了硫酸亚铁、硫酸铁和硫酸铝钾等的媒染性能，得知棉织物经硫酸亚铁、硫酸铁和硫酸铝钾媒染分别呈紫灰色、浅灰色和浅黄色，得色深度随金属离子种类的不同而异，且具有良好的耐洗沾色和耐摩擦牢度，但耐洗变色牢度较差。茶多酚染色能赋予棉织物较好的紫外防护性能，并能抑制金黄色葡萄球菌和大肠杆菌滋生（陈艳妹和赵建平，2010），抑菌率与染色工艺有关（表 7-7～表 7-10）。郭丽等以硫酸铝钾为媒染剂，比较了红茶、绿茶和茶多酚染的棉袜和棉毛巾的上染效果和保健功效，发现红茶染料、绿茶染料和茶多酚上染的纺织品，分别呈黄红色、黄绿色和浅黄红色，如图 7-5 所示。干摩和湿摩时的耐摩擦色牢度均在 3 级以上，可达到纺织品的服用要求。并且绿茶和茶多酚染色的纺织品，色牢度比红茶染色的效果更好；茶染棉袜能有效抑制有害菌如金黄色葡萄球菌、大肠杆菌和白色念珠菌的滋生，且对金黄色葡萄球菌和大肠杆菌的抑制力强于白色念珠菌；茶染棉袜水洗 10 次后，抗菌能力仍可达 A 级指标（图 7-6）。同时，茶染棉袜还具有除臭功效（图 7-7），茶染棉袜的除臭能力是普通棉袜的 10 倍。

表 7-7　硫酸铝钾用量对抑菌率的影响

硫酸铝钾用量/%	抑菌率/%	
	金黄色葡萄球菌	大肠杆菌
0	49.73	46.27
3	53.60	51.69
6	67.48	64.25
10	95.74	95.43

注：茶多酚 12g/L，pH=7，70℃，60min。

表 7-8 染色温度对抗菌性的影响

温度/℃	抑菌率/%	
	金黄色葡萄球菌	大肠杆菌
30	86.51	85.16
50	92.33	91.72
70	90.00	90.00
80	85.27	84.77
90	80.14	80.08

注：硫酸铝钾 10%，茶多酚 6g/L，pH=6.88，60min。

表 7-9 染色时间对抗菌性的影响

时间/min	抑菌率/%	
	金黄色葡萄球菌	大肠杆菌
10	86.20	85.48
20	88.33	87.18
40	89.35	88.71
60	90.56	89.76
80	92.59	91.85

注：硫酸铝钾 10%，茶多酚 6g/L，pH=6.88，50℃。

表 7-10 抑菌率的耐久性

水洗次数/次	抑菌率/%	
	金黄色葡萄球菌	大肠杆菌
0	100.00	100.00
5	92.74	90.74
10	82.74	82.34
20	74.32	73.16
30	70.01	70.79

注：硫酸铝钾 10%，茶多酚 6g/L，pH=6.88，50℃，60min。

 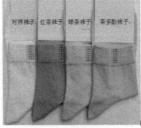 

图 7-5 茶染纺织品

检 测 报 告

检测项目		标准值	检测结果 Test Results				单项结论
			标准空白试样"0"接触时间的活菌数 /（cfu/片）	18h 培养后标准空白试样的活菌数 /（cfu/片）	18h 培养后抗菌织物试样的活菌数 /（cfu/片）	抗菌率 /%	
微生物	金黄色葡萄球菌 （Staphylococcu s aureus） ATCC 6538	抑菌率 ≥99.00（%）	2.7×10⁴	3.3×10⁶	40	99.99	抗菌效果符合 A 级
抑菌圈宽度 （mm）	金黄色葡萄球菌 （Staphylococcu s aureus） ATCC 6538	≤5	0				符合溶出安全性指标

样品
sample
以下空白 TEST REPORT END

图 7-6　茶染棉袜的抗菌效果图

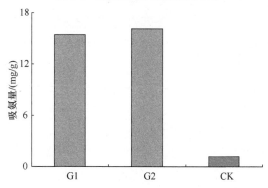

图 7-7　茶染棉袜的除臭能力
G1 和 G2 是茶染棉袜；CK 是普通棉袜

　　下面以实例说明棉袜的茶染工艺。工艺流程如图 7-8 所示，即棉袜在纯水中浸泡 20～30min，取出并脱水；按 1∶100 的料液比配制 EGCG 与水；染色时浴比为 1∶40，在 60℃左右浸染 1～1.5h，再加与 EGCG 相同质量的媒染剂如硫酸铝钾，媒染 1h 后，用清水漂洗 2～3 次后晾晒至干。

图 7-8　棉织物的茶染工艺流程

7.4.3 羊毛织物的茶染工艺

羊毛纤维主要由角蛋白组成，并且这类蛋白质存在多种形式。事实上，羊毛中的硬角蛋白含硫量很高，是因为包含了双氨基的胱氨酸（布罗德贝特，2004），遇到酸液或碱液时，羊毛羧酸和铵离子基团的电离度会改变，因此酸性茶叶染料可以上染羊毛。杨诚和唐人成（2010）发现羊毛织物经硫酸亚铁和硫酸铜媒染分别呈紫灰色和黄棕色，茶多酚用量5%（质量分数）、pH值4.1、90℃时浸渍60min后进行媒染处理，可达到中色，并具有良好的色牢度；耐洗、耐摩擦和耐光牢度均在3级以上，沾色牢度可达到5级；铜离子络合的耐洗变色和耐光牢度均好于亚铁离子。

下面以实例说明羊毛织物的茶染工艺。工艺流程如图7-9所示，即羊毛织物在纯水中浸泡20~30min，取出并脱水；按5:100的料液比配制茶多酚与水；染色时浴比为1:40，在90℃左右浸染1~1.5h，再加与茶多酚等量的媒染剂如硫酸铜，媒染1h后，用清水漂洗2~3次后晾晒至干。

图7-9　羊毛织物的茶染工艺流程

7.4.4 化纤织物的茶染工艺

除了天然纤维可进行茶染外，化纤织物如锦纶和涤纶也能着色。涤纶是三大合成纤维中的一个重要品种，是以聚对苯二甲酸或对苯二甲酸二甲酯和乙二醇为原料经酯化或酯交换和缩聚反应而制得的高聚物——聚对苯二甲酸乙二醇酯，经纺丝和后处理制成的聚酯纤维。涤纶分子是由短脂肪烃链、酯基、苯环、端醇羟基所构成，除存在两个端醇羟基外，无其他极性基团，因而涤纶纤维亲水性极差，并且在70~80℃以下基本不能染色，且达到沸腾温度以前为提高染色速率只有20~30℃的升温幅度。贺志鹏等（2013）将茶黄素用于涤纶超临界二氧化碳染色，探究了染色温度、压力、时间对染色性能的影响，发现最佳的染色工艺为：压力20MPa，时间70min，温度120℃。并且染色涤纶织物的各项色牢度均达到了4级以上。经分析，天然茶色素上染涤纶织物，可增强织物的柔软感、蓬松性、抗变形等能力，提高毛细效应，但是织物的弹性有所降低（申庆围等，2012）。

下面以实例说明涤纶织物的茶染工艺。工艺流程如图7-10所示，即涤纶织物用纯水浸泡30~40min；茶染液按2:100的料液比（茶叶与水）配制；浸染时浴比为1:40，在120℃左右超临界浸染1~1.2h，用清水反复漂洗后晾晒至干。

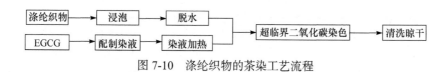

图 7-10　涤纶织物的茶染工艺流程

参 考 文 献

布罗德贝特. 2004. 纺织品染色. 马渝茳, 陈英, 等译. 北京: 中国纺织出版社.

陈国华. 2013. 天然染料茶多酚及其改性物在丝绸上的染整多功能研究. 苏州: 苏州大学.

陈国华, 王文利. 2013. 稀土作为媒染剂对茶多酚上染真丝绸的影响. 印染助剂, (12): 35-38.

陈美云, 袁德宏, 张玉萍. 2011. 碱性条件提取茶叶天然染料及其在蚕丝织物染色中的应用. 纺织学报, 32(11): 73-77.

陈艳妹, 赵建平. 2010. 茶多酚在棉织物上的抗菌整理研究. 印染助剂, 27(12): 16-18.

戴妙妙, 马红青, 王婷婷, 等. 2017. 紫娟茶中花青素的抑菌性研究. 食品研究与开发, 38(3): 28-31.

费旭元, 林智, 梁名志, 等. 2012. 响应面法优化"紫娟"茶中花青素提取工艺的研究. 茶叶科学, 32(3): 197-202.

高妍, 韩慧敏, 喻永丽. 2017. 茶色素用于纯棉织物的染色工艺研究. 江苏工程职业技术学院学报(综合版), 17(2): 33-36.

郭丽, 戴伟东, 朱荫, 等. 2016. 酯型儿茶素的热稳定性及其上染蚕丝效果. 纺织学报, 37(9): 90-93.

郭丽, 林智, 马亚平, 等. 2012. 茶多酚用于棉纤维染色工艺研究. 中国茶叶, (2): 15-17.

贺志鹏, 吴赞敏, 张峻. 2013. 茶黄素提取及涤纶超临界 CO_2 染色. 印染助剂, 30(1): 36-38.

黄旭明, 王燕, 蔡再生. 2005. 茶叶染料对真丝绸染色性能初探. 丝绸, (6): 31-33.

吉婉丽. 2016. 超声波茶染料提取及在苎麻染色中的应用. 印染助剂, 33(10): 33-36.

赖海涛, 黄万钦. 2006. 茶叶叶绿素锌钠盐的制备及其稳定性研究. 茶叶科学, 26(1): 59-64.

李凤艳, 刘丽华. 2011. 媒染剂对茶色素染色棉纤维性能的影响. 纺织学报, 32(8): 62-66.

李维贤, 聂贵花. 2015. 基于茶染早期史料的试验研究. 染整技术, (4): 10-12.

李维贤. 2016. 古之茶染. 自然科学史研究, 35(2): 191-198.

李维贤. 2017. 古代茶叶染色的试验研究(待续). 印染助剂, 34(8): 10-12.

林智, 郭丽, 马亚平, 等. 2011. 一种茶叶植物染料染棉纤维的方法: 中国, CN101956334A.

吕海鹏, 梁名志, 张悦, 等. 2016. 特异茶树品种"紫娟"不同茶产品主要化学成分及其抗氧化活性分析. 食品科学, 37(12): 122-127.

钱红飞, 钱军, 施舒雯. 2014. 蚕丝和棉及锦纶织物对儿茶素的选择性吸附和媒染效应. 纺织学报, 35(1): 82-86.

申庆围, 吴赞敏, 王金平, 等. 2012. 茶色素染色对涤纶性能的影响. 国际纺织导报, (8): 55-56.

唐慧, 唐人成. 2011. 茶多酚在棉织物上的媒染性能. 印染, 37(9): 10-13.

王丽滨, 李书魁, 黄远, 等. 2005. 功能性茶绿色素锌的工艺研究. 福建茶叶, (1): 10-12.

解东超, 戴伟东, 李朋亮, 等. 2016. 基于 LC-MS 的紫娟烘青绿茶加工过程中花青素变化规律研究. 茶叶科学, 36(6): 603-612.

杨诚, 唐人成. 2010. 茶多酚对羊毛媒染性能的影响. 毛纺科技, 38(3): 12-16.

杨晓萍, 郭大勇. 2003. 水溶性茶绿色素的提取及性质研究. 林产化学与工业, 23(3): 69-72.

杨晓萍, 郭大勇, 杨军, 等. 2002. 水溶性茶绿色素制备工艺研究. 华中农业大学学报, 21(6): 555-557.

杨晓萍, 郭大勇, 张庆华. 2003. 新型茶绿色素叶绿素锌钠盐的研究. 茶叶科学, 23(1): 27-30.

杨晓萍, 李书魁, 黄远. 2006. 茶绿色素叶绿素锌钠盐锌代工艺优化研究. 茶叶科学, 26(3): 186-190.

索　引